新编公民科学素质
简明读本

主　编　罗　莹　史　可　谢金水

副主编　章新建　张　馥

江西·南昌

江西科学技术出版社

这/是/一/本

能学习科学知识、参与有奖竞答的科普书！

▶ 学科学、用科学、爱科学，全面提升公民科学素养

本书将为你配备以下三大资源：

动态简介：用视频宣传片讲述图书梗概，让你体验不一样的动态简介

在线电子书：方便公众在线查阅，利用碎片时间学习科学知识

有奖竞答：参与趣味测试，进入专题竞赛，有机会赢取丰厚奖励

简单三步，进入公民科学素质学习：

01 扫码关注 "公民科学素质学习"公众号

02 点击进入界面 自主选择线上服务资源

03 使用线上内容

扫码学习科学知识

挑战趣味竞答、提升科学素养

[动态简介 · 电子书 · 有奖竞答]

前言

INTRODUCTION

2016年5月30日，习近平总书记在全国“科技三会”上提出了建设世界科技强国的号召，并强调指出：“科技创新、科学普及是实现创新发展的两翼，要把科学普及放在与科技创新同等重要的位置。没有全民科学素质普遍提高，就难以建立起宏大的高素质创新大军，难以实现科技成果快速转化。”总书记的重要讲话为新时代科普工作指明了正确方向、提供了基本遵循，进一步提升了科普的重要性和战略地位。

2016年5月，中共中央、国务院印发的《国家创新驱动发展战略纲要》明确，我国科技事业发展的目标是：到2020年使我国进入创新型国家行列，到2030年使我国进入创新型国家前列，到中华人民共和国成立100年时使我国成为世界科技强国。创新需要科普的担当，建成世界科技强国必须要公民科学素质支撑。建成世界科技强国的首要是建成科普强国、建成公民科学素质强国。《全民科学素质行动计划纲要实施方案（2016—2020年）》提出，到2020年我国公民具备科学素质的比例超过10%的目标。当前，我国公民科学素质水平与发达国家相比仍有较大差距，且地区发展极不平衡，不能满足建设创新型国家、建设世界科技强国的需要。“全民”包括各方面社会群体，青少年、农民、城镇劳动者、领导干部和公务员，任何一个群体的科学素质低下，都将成为创新发展的“短板”。“短板”不加快补齐，创新发展就会根虚基弱，成为一句空话。

《新编公民科学素质简明读本》旨在普及科学知识、弘扬科学精神、传播科学思想、倡导科学方法、普及科技知识，在全社会推动形成讲科学、爱科学、学科学、用科学的良好氛围。该书以科技部、中宣部联合印发的《中国公民科学素质基准》为内容基础，着眼于当前广大公众学习科学知识、提升科学素养的实际需求，所涵盖的知识领域广泛，是一本内容比较全面的科普读物。该书共分二十六章，涵盖了理学、工学、农学、医学以及哲学、社会科学等方面的知识，采用一问一答的撰写方式，简明回答“是什么”“为什么”“怎么看”“怎么办”的问题，内容丰富，资料翔实，通俗易懂，趣味性、可读性较强。该书的编写出版，不仅能传播科学知识，而且能让人们从中学会科学思考、批判和比较，对培养和提高公民科学素养将产生积极而深远的影响。

目录

CONTENTS

第七章　可持续发展　/ 37

第八章　崇尚科学　/ 43

第九章　掌握获取知识或信息的科学方法　/ 47

第十章　趣味数学　/ 53

第十七章　常见疾病与安全用药　/ 101

第十八章　良好的生活习惯　/ 109

第十九章　安全出行基本知识　/ 119

第一章
世界是可以被认知的

地有多深？天有多高？宇宙的边界在哪里？生命从何而来？在人类的不懈探索下，大自然神秘的面纱正在被缓缓地摘下。水往低处流，是引力的作用；日升月落，是地球自转的结果；“嫦娥”登月，是科技的力量。规律是客观的，世界是可知的，科技是发展的。我们应以怎样的态度去认知世界？我们应以怎样的姿态去与自然相处？

1.天地万物是神创造的吗?

《圣经·旧约·创世说》中说，上帝创造了万物；中国神话中说，女娲用泥创造了人类；希腊神话中说，神祗用黄金创造了第一代人类。然而科学发现证明，宇宙间根本不存在什么上帝或诸神创造世界的活动。自然界中的事物是按照自身所固有的规律形成和发展的，都有自己的起源和发展史，都是统一的物质世界中的一部分。

物质世界中，无论是天地自然，还是人类社会，在本质上都是物质的，都是物质世界长期发展的产物。而由物质构成的世界是可以被认知的。马克思曾经说过：“世界上没有不可认知的事物，只有尚未被认识的事物。”

当我们出生时，就像一张白纸，对世界一无所知，对于生活什么也不懂，什么生活技能都不会，只有生存的本能。但是随着长大，我们逐渐明白了很多东西——学会说话，学会走路，开始逐步认识这个我们赖以生存的世界。所以说，世界是可以被认知的，这需要通过我们不断地实践去了解去发现。

不过，我们获得知识的途径却不是只有自行实践这一条，知识的学习途径多样，方式也是多样的。

随着科学技术的进步，人类发展的步伐越来越大，成就越来越显著：各类新的理论被创立，各种新物种被发现，各种重大疾病治疗难题被突破……尽管如此，世界上依旧还有很多东西是我们不知道的，还有很多秘密是我们还未曾发现的，还有很多难题是需要我们去攻克的。

我们所知道的其实只是世界上很微不足道的一部分。

2.永动机的设想有可能实现吗?

人或许能发明一种不需要任何动力就能永远转动的“永动机”——这一想法令许多人着迷。1714年，德国有个叫奥尔菲留斯的人宣布发明了“永动轮”，并当众表演，轰动一时。但后来谎言被揭穿——原来有人藏在后面转动轮子。科学家焦耳也曾被这种大胆的设想所吸引。他曾三番五次地做实验，经过多次失败后，得出了“要科学，不要永动机”的结论。

通过多年的反复实验，焦耳成功测出了热功当量数值，并具体阐述了能量守恒和转化定律。

我们也都读过“拔苗助长”的故事，好心的农夫为了促进禾苗的生长，将禾苗从土地里拔了出来，但结局却并不如他预料中的那样完美：不仅花费了大量的时间和精力，还导致了禾苗死亡。因为农夫没有遵守客观规律。

说到这里，可能有人会有这样的想法：既然现在人们已经能够克隆出羊、蛙、牛等动物，甚至能够让小白鼠身上长出人的耳朵，这说明人们借助科学的力量可以打破遗传规律了。

其实，克隆技术并没有违背遗传规律，相反，这恰恰是人们创造性地利用遗传规律的结果。小白鼠身上长出人的耳朵，也不过是运用遗传学规律的结果。这说明：规律具有不可抗拒性，人们可以认识规律，可以利用规律，但不能违背规律，人们必须按规律办事。这是规律客观性的表现。规律的存在和发生作用是不以人的意志为转移的；规律是不能被任意创造、改变和消灭的；规律是不可抗拒的。一句话，规律是客观的。

永动机的设想是不可能实现的。但在客观规律面前，人并不是无能为力的。人可以在认识和把握规律的基础上，根据规律发生作用的条件和形式利用规律，改造客观世界，造福人类。

3.地球是宇宙的中心吗?

早在公元前4世纪，古希腊哲学家亚里士多德就已提出了“地心说”，即认为地球位于宇宙的中心。公元140年前后，古希腊天文学家托勒密发表了他的13卷巨著《天文学大成》，在总结前人工作的基础上，系统地确立了“地心说”。根据这一学说，地为球形，且居于宇宙中心，静止不动，其他天体都绕着地球转动。这一学说从表观上解释了日月星辰每天东升西落、周而复始的现象，又符合上帝创造人类，地球必然在宇宙中居于至高无上地位的宗教教义，因而流传时间长达1300余年。随着时间流逝，“地心说”与实际状况的偏离越来越大。哥白尼经过数十年的观察和研究，终于建立起以太阳为中心的宇宙体系——“日心说”。这一学说认为，地球是一颗普通的行星，它既有绕自转轴的自转，又与其他行星一起围绕宇宙中心——太阳旋转。这就使得以前看来极不协调的种种天象变得简单而和谐。

4.传统文化还重要吗?

文化，是一个民族的精神支柱。

中华民族历史悠久，中华文明源远流长。在漫长发展进程中积淀形成的中华优秀传统文化，是凝聚中华民族的强大精神纽带。在新的历史条件下，传承、弘扬中华优秀传统文化，是建设中国特色社会主义文化的重要内容。

古代的东西并非全都是糟粕，其中的很多即使历经千年依然散发着灿烂的光辉。《论语》是孔子及其弟子的语录结集，由孔子弟子及再传弟子编写而成，战国前期成书。《论语》是儒家的经典之作，是一部以记言为主的语录体散文集。清朝赵翼解释说："语者，个人之语言，论者，诸儒之讨论也。"其实，"论"又有"纂"的意思。作为儒家经典的《论语》，其内容博大精深，包罗万象，《论语》的思想主要有三个既各自独立又紧密相依的范畴：伦理道德范畴——仁、社会政治范畴——礼、认识方法论范畴——中庸。仁、礼、中庸在现世仍有借鉴意义。

优良的传统文化影响着人们的交往行为和交往方式，影响着人们的实践活动、认识活动和思维方式。优良传统文化对人的影响，具有潜移默化的特点，这种影响一般不是有形的、强制的。文化氛围看不见、摸不着，却无时无刻不在影响人的思想和行为。

正是因为优良的传统文化具有的重要作用，所以我们应当认同优秀传统文化，继承并弘扬优秀传统文化，让优秀传统文化焕发新的生机与活力。

第二章
用系统的方法看待问题

在日常的学习和生活中,人们会遇到许多问题。这个时候，应如何面对、如何解决这些问题呢?是置之不理，马虎对待，还是耐心分析，归纳总结?

正确的方法是成功的垫脚石，缜密的思维是成功的向导。系统方法是一种满足整体、统筹全局，将整体与部分辩证地统一起来的科学方法。运用系统的方法将分析和综合有机地结合，能够帮助人们突破重重难关。

5.什么是“蝴蝶效应”？

1987年，美国作家格莱克写了一本荣获普利策奖的热门图书，叫作《混沌：开创新科学》。这本风靡一时的科普图书的开篇第一章叫作“蝴蝶效应”。所谓“蝴蝶效应”，是对混沌理论中一个重要特征的通俗表述，即认为巴西的一只蝴蝶拍动翅膀，就有可能在美国得克萨斯州引发一场飓风。

世界上真的会有一只蝴蝶拍动翅膀，就有可能在万里之外引发飓风的事情吗？按照混沌理论，答案是肯定的。事实上，这只不过是一个长久以来就被人们注意到的现象：细微因素有时会产生巨大影响——即中国成语中的所谓“差之毫厘，谬之千里”“牵一发而动全身”等。

从19世纪末开始，陆续有科学家注意到了一些非线性的复杂体系中，会出现体系状态随时间的演化极端敏感地依赖于初始条件的现象。也就是说，初始条件哪怕有极细微的变化（蝴蝶拍动翅膀），在经过一段时间之后，也有可能会演变成极巨大的差异（飓风）。这种现象正是“蝴蝶效应”。而初始条件的细微变化与之后产生结果的巨大差异在于事物之间的联系是普遍的。

所谓联系，就是事物之间以及事物内部诸要素之间的相互依赖、相互影响、相互制约和相互作用。任何事物都与周围其他事物有着这样或那样的联系；每一事物内部的各个部分、要素之间也是相互联系的。世界是一个普遍联系的有机整体，没有一个事物是孤立存在的。

20世纪初，美国总统想让凯巴伯森林里的鹿群得到保护，决定由政府雇请猎人去那里消灭狼。然而事情的结果却没有像他预料的那样。鹿的数量起先增加了不少，可是随着鹿群数量的不断壮大，饥饿和疾病使鹿群数量从10万锐减到4万，到了1942年，整座森林里只剩下不到8000只鹿了。

这个事例说明每一种生物都有自己存在的价值，人类不应该以自己认为的好与坏去干预自然规律。我们应遵循自然本身的规律，让生物和谐相处。

6.什么是榫卯结构？

中国的古建筑多以木材、砖瓦为主要建筑材料，以木构架结构为主要的结构方式，由立柱、横梁、顺檩等主要构件建造而成。将建筑中各个构件连接起来的并不是钉子，而是中国特有的凹凸处理接合方式——榫卯结构。

榫卯结构是在两个木构件上采用的一种凹凸结合的连接方式。凸出部分叫“榫”（或称“榫头”），凹进部分叫“卯”（或称“榫眼”“榫槽”），榫和卯咬合，起到连接作用。这是中国古代建筑、家具及其他木制器械的主要结构方式。

榫卯是极为精巧的发明，这种木质结构连接方式，使中国传统的木结构成为超越了当代建筑排架、框架或者钢架的特殊柔性结构体。利用榫卯结构建成的建筑不但可以承受较大的荷载，而且允许产生一定的变形，在地震荷载下通过变形抵消一定的地震能量，降低结构所受地震的影响。榫卯结构不仅精巧地将简单的木质构件联结成了恢宏的建筑或精巧的家具，还使得木质结构中各个构件相互挤压、相互咬合，使它们具有单独构件所不具备的韧性和稳定性。

榫卯结构是中国人民智慧的结晶。它生动形象地揭示了“整体”与“部分”的关联——在一个系统内，各部分是相互联系、相互作用的，复杂的整体由部分构成的，而整体具有各部分之和所不具备的功能，即“1+1>2”。

7.为什么说“是药三分毒”？

古人云：“是药三分毒。”我国最早的医学专著《黄帝内经》对如何用药十分讲究，将药分为大毒、常毒、小毒、无毒。治疗疾病要求大毒治病，十去其六；常毒治病，十去其七；小毒治病，十去其八；无毒治病，十去其九。

那么“是药三分毒”，这“三分毒”毒在哪儿呢？

一是部分药物的确含有有毒成分，服用后会有明显的毒副作用，比如川乌、草乌、甘遂、芫花等，这些药物在使用时要严格限定剂量，并严格根据规定流程制备。

二是有些药物虽有明显毒性，但是经严格程序处理后可安全使用，如南星、水蛭、全蝎等，它们只要按规定流程制备、剂量适宜，是可以安全使用的。

三是有些药物有一定的毒性和不良反应，使用时要有针对性，掌握适应证，剂量不宜过大，疗程不宜过长，如花椒、木通、防己等，只要正确使用，对身体基本无影响。

四是有的药物本身无毒性，但性能具有强烈的偏向性，如麻黄是利用其辛温之性来发汗解表，大黄是利用其苦寒之性来通腑泄热，使用时要注意不过量，适可而止。

五是即便有的药物性温和，属于滋补强壮之品，但不适当的长期大量服用，也会使人体出现新的不平衡而导致的不良后果，反而产生“无毒之毒”，比如说，人参、阿胶，大量食用反而会流鼻血。

可见，“是药三分毒”这句话，关键是要理解这个“毒”字的含义。如果使用得当，药物就是治疗疾病的良方；若使用不当，制备流程不规范，那么药物或许在治疗疾病的同时又带来了毒副作用，就得不偿失了。

8.如何用“格物致知”的方法认识世界和改造世界?

“格物致知”一词最早出现在《礼记·大学》之中：“致知在格物，物格而后知至。”“所谓致知在格物者，言欲致吾之知，在即物而穷其理也。”《现代汉语词典》2012年版将“格物致知”解释为：“推究事物的原理，从而获得知识。”

“格物致知”思想作为儒家实现最高理想的修养功夫，是为学之始，是古代至圣之人获取至高哲理的独到法门。

明朝大儒王阳明在“格物致知”的基础上，对认识与实践的关系提出了他的观点——知行合一。“知行合一”的大致意思是：人不仅要认识（知），同时还要实践（行），只有将认识和实践结合起来，才能叫“善”。认识事物的道理与在现实中运用此道理是密不可分的。

以今天的眼光来看，“格物致知”“知行合一”在指导实践，追求真理之时仍具有现实意义。“格物致知”“知行合一”的思想内涵与“实事求是”不谋而合，同时“实事求是”精神又被赋予了马克思主义以及现代元素，使“格物致知”思想在认识世界和改造世界中有了与时俱进的新发展。

第三章
科学精神

科学精神，是人们在长期的科学实践活动中形成的共同信念、价值标准和行为规范的总称。它主张科学认识来源于实践，实践是检验科学认识真理性的标准和认识发展的动力；重视以定性分析和定量分析作为科学认识的一种方法；倡导科学无国界，科学是不断发展的开放体系，不承认终极真理；主张科学的自由探索，在真理面前一律平等，对不同意见持宽容态度，不迷信权威；提倡怀疑、批判、不断创新进取的精神。

科学精神帮助人们告别愚昧，摆脱迷信，走向文明。普及科学知识，树立科学思想，弘扬科学精神，掌握科学方法，依靠科学发展，我们的社会将更加文明进步，我们的国家将更加繁荣富强。

9.苹果为什么会下落?

牛顿是英国伟大的科学家。1665年，伦敦发生了鼠疫，学校停课，还是牛津大学学生的牛顿休学在家。一天的午后，牛顿在花园的一棵苹果树下，与朋友史特克莱谈论着物理学中的各种问题。谈着谈着，也许是熟透了的缘故，树上的一只苹果突然落了下来，不偏不倚，正好砸在牛顿的头上。

牛顿脑海里突然冒出一个念头：离开枝条的苹果为什么不往天上飞，而要往地上落呢？是什么力在吸引它呢？若是平常人，苹果砸到头上也不一定会冒出什么念头，即使有什么奇怪的念头，也不一定会把它放在心上而后去反复研究和论证。

牛顿对“苹果为什么不往天上飞”充满了好奇，从而激发了他继续探索的欲望，通过反复探索研究，牛顿发现了万有引力定律。

著名物理学家、诺贝尔奖获得者、美籍华人李政道曾说过：“好奇心很重要，有了好奇心才能提出问题。”好奇心是人类认识自然、改造自然过程中不可或缺的动力，许多大发明、大发现就是由最初的好奇心孕育而来的。好奇心是科技创新的基本要素之一，除此之外，科技创新还需要具备善于观察、诚实的基本要求以及求真、质疑、实证的探索精神。

10. 如何设置对照实验?

对照实验是指进行某种试验以阐明一定因素对一个对象的影响和处理

效应或意义时，除了对试验所要求研究因素或操作处理外，其他因素都保持一致，并将试验结果进行比较的试验。

一个对照实验通常分为实验组和对照组。实验组，是接受实验变量处理的对象组；对照组也称控制组，对实验假设而言，是不接受实验变量处理的对象组。至于哪个作为实验组，哪个作为对照组，一般是随机决定，这样从理论上说，由于实验组与对照组无关变量影响是相等、平衡的，故实验组与对照组两者的差异，则可认定为是来自实验变量的效果。这样，实验的结果是可信的。例如在论证植物光合作用会产生氧气的实验中，可以设置一个对照试验。实验组在玻璃罩子里放置一盆绿色植物和一只小白鼠，并把它们放置在阳光下；对象组同样在玻璃罩子里放置绿色植物和小白鼠，不同的是把它们放置在黑暗中。通过观察小白鼠的反应来归纳推测植物是否能够通过光合作用产生氧气。

对照试验是科学实验中的常用方法。除了对照试验之外，在科学试验中还经常会用到控制变量法、转换法、图像法、等效替代法、推理归纳法等科学方法。这些方法给科学论证提供了有效的手段和依据。

11.人体实验是否合理呢?

人体实验是指在人（患者或健康人）身上进行的以取得实验者所需资料的实验。人体实验使医学知识建立在科学的基础上，对医学的发展有重要意义。

第二次世界大战中，一批德国纳粹和日本法纳斯医生，使用战俘和难民进行惨无人道的人体实验，这在战后引起了社会对人体实验伦理法规的重视，确定了著名的受试者“知情同意”原则。这里“知情”是指受试者对实验目的与危险能够理解的知情，“同意”则应是自由意志下的同意。

现代的医学伦理学承认人体实验是医学发展所需要的，但为了防止人体实验的滥用，有许多严格的限制，如规定药物只能在完成药理、毒理等动物实验，证实其疗效和安全剂量后才能进行人体实验（称为“临床前试验”），再经过医学伦理学委员会的审查同意才能在人体试用。因为是在医生严密的监护下，由少数人承担可能出现的风险，借此取得可靠的经验，比盲目地在广大人群中推广，使更多的人受害，更符合人道主义精神。

医学伦理学要求在人体试验中应当使受试者的安全和权益得到最大的保障，因此，首先应考虑临床前试验的资料是否完备，其次应考虑临床试验的设计是否合理，特别是受试者的安全有无保障，是否真正做到了受试者的知情同意。

第四章
创新与创新意识

创新是指以现有的知识和物质，在特定的环境中，改进或创造新的事物（包括但不限于各种方法、元素、路径、环境等），并能获得一定有益效果的行为。

所谓创新意识是人们对创新与创新的价值性、重要性的一种认识水平、认识程度以及由此形成的对待创新的态度，并以这种态度来规范和调整自己的活动方向的一种稳定的精神态势；是人们根据社会和个体生活发展的需要，引起创造前所未有的事物或观念的动机，并在创造活动中表现出的意向、愿望和设想。它是人类意识活动中的一种积极的、富有成果性的表现形式，是人们进行创造活动的出发点和内在动力，是创造性思维和创造力的前提。创新意识能够推动思维创新、制度创新、技术创新等。

12.为什么说“白猫”“黑猫”都是好猫?

社会主义和市场经济的关系问题，一度是困扰我国社会主义建设的难题。1991年初，邓小平创造性地指出：不要以为，一说计划经济就是社会主义，一说市场经济就是资本主义，不是那么回事，两者都是手段，市场也可以为社会主义服务。这段以发展为需求，打破原有固化观念桎梏的话语，被形象地比喻为：“不管黑猫白猫，能捉老鼠的就是好猫”。邓小平的“白猫黑猫”论一出，改变了过去凡事都要先以意识形态考量、凡事都要先从政治着眼、凡事都要先问问教条的思维习惯。“白猫黑猫”论告诉人们，想问题办事情一切要从实际出发，而不是从条条框框出发；想问题办事情一切要从有利于发展社会生产力，增强国家综合国力，提高人民生活水平的实际出发。社会主义是靠干出来的，不是靠讲出来的。

“白猫黑猫”论是一种思维创新，倡导了一种实干精神。也正是这个理论的实干战略，开启了中国人的思想之门，推动了制度创新。实事求是的实干精神和改革进取的创新精神，保证了中国的社会稳定和经济发展，使改革开放取得了更伟大的成就。

13.什么是技术创新?

技术创新是以创造新技术为目的的创新或以科学技术知识及其创造的资源为基础的创新。前者如创造一种新的通信技术，后者如以现有的通信技术为基础开发一种新产品或新服务。常合二为一。技术创新是企业竞争优势的重要来源，是企业可持续发展的重要保障。认识技术创新本质、特点和规律，是技术创新有效管理的重要前提。

在胶卷时代，柯达曾占据全球2/3的市场份额，几乎成为摄影的同义词。鼎盛时期的柯达，在全球拥有超过14.5万名员工，行业地位相当于今天的苹果或谷歌。而柯达的对手富士更早地开始了数字化转型，从家族企业中脱壳而出的柯达则慢了一步。其实那个时候，很多企业在自己所在的行业市场上曾经是绝对的大鳄，但随着后来者的不断创新与创新成果实用化，原来的大赢家逐渐被抛下。柯达1975年发明数码相机，却未能将这项新技术变成利润增长点。作为感光技术的龙头老大，柯达在数码照相这一新技术领域并不具备先天的优势，而数字成像技术的普及使得柯达公司丧失了胶卷、相纸所带来的丰厚利润。

14.什么是知识产权?

知识产权，也称为“知识所属权”，是指“权利人对其智力劳动所创作的成果享有的财产权利”，一般只在有限时间内有效。各种智力创造，比如发明、外观设计、文学和艺术作品，以及在商业中使用的标志、名称、图像，都可被认为是某一个人或组织所拥有的知识产权。知识产权从本质上说是一种无形财产权，它的客体是智力成果或是知识产品，是一种无形财产或者一种没有形体的精神财富，是创造性的智力劳动所创造的劳动成果。它与房屋、汽车等有形财产一样，都受到法律的保护，都具有价值和使用价值。有些重大专利、驰名商标或作品的价值也远远高于房屋、汽车等有形财产。正因为知识产权蕴含着巨大的商业价值，知识产权纠纷时有发生，例如加多宝、王老吉之争：2012年7月6日，广州医药集团有限公司与广东加多宝饮料食品有限公司分别向法院提起诉讼，均主张享有“红罐王老吉凉茶”知名商品特有包装装潢的权益，并据此指控对方生产销售的红罐凉茶商品的包装装潢构成侵权。这种包装装潢专用之争实则知识产权之争。

为了从法律层面对知识产权进行保护，更好地调动人们从事科技研究和文艺创作的积极性，保护权益人的脑力知识成果，我国相继出台了《著作权法》《专利法》《商标法》等法律。

15.什么是盗版?

盗版是指在未经版权所有人同意或授权的情况下，对其复制的作品、出版物等进行由新制造商制造与源代码完全一致的复制品、再分发的行为。

在绝大多数国家和地区，这一行为被定义为侵犯知识产权的违法行为，甚至构成犯罪，会受到处罚。

盗版出版物通常包括盗版书籍、盗版软件、盗版音像作品以及盗版网络知识产品。

盗版具有一定的危害性。以盗版软件为例：首先是技术风险，用户在使用过程中会出现各种问题，如产生数据丢失等技术风险，而盗版用户是无法通过正常途径获得合法的技术支持和维护服务的，可能造成的损失反而超过了使用盗版所节约的成本；其次是安全风险，在互联网时代，病毒常常栖身于盗版软件之中，普通用户很难靠自己的能力和方法去规避病毒带来的风险；再次是法律风险，生产、使用、传播盗版软件的个人、公司、组织都有可能被告侵权；四是社会风险，盗版泛滥会打破正版软件开发企业获取利润、持续科技研发的良性循环，可能会造成开发企业人才外流、资金外流；最后，盗版有损于国家税收。

16.什么是虚拟现实技术?

虚拟现实技术是一种可以创建和体验虚拟世界的计算机仿真系统。它利用计算机生成模拟环境，是一种多源信息融合的、交互式的三维动态视景和实体行为的系统仿真，能使用户沉浸到该环境中。

虚拟现实技术在互联网游戏中广泛应用，其中三维游戏就是虚拟现实技术应用的重要方向之一，也为虚拟现实技术的快速发展起到了巨大的需求牵引作用。尽管存在众多的技术难题，虚拟现实技术在竞争激烈的互联网游戏市场中还是得到了越来越多的重视和应用。可以说，互联网游戏自产生以来，一直都在朝着虚拟现实的方向迈进，推动虚拟现实技术的进一步发展已经成为三维游戏工作者的追求。从最初的文字MUD游戏，到二维游戏、三维游戏，再到网络三维游戏，互联网游戏在保持其实时性和交互性的同时，逼真度和沉浸感正在一步步地加强和提高。

除了游戏应用方面，虚拟现实技术逐渐在医学、城市规划、军工、工业仿真领域崭露头角。人们相信，随着虚拟现实技术的快速发展和软硬件技术的不断进步，在不远的将来，虚拟现实技术必将为人类的娱乐、教育和经济发展做出新的更大的贡献。

17.什么是“互联网+”？

“互联网+”是创新2.0下的互联网发展的新业态，是知识社会创新2.0推动下的互联网形态演进及其催生的经济社会发展新形态。“互联网+”是互联网思维的进一步实践成果，推动经济形态不断地发生演变，从而激发社会经济实体的生命力，为改革、创新、发展提供广阔的网络平台。

通俗地说，“互联网+”就是“互联网+各个传统行业”。但这并不是简单的两者相加，而是利用信息通信技术以及互联网平台，让互联网与传统行业进行深度融合，创造新的发展生态。它代表一种新的社会形态，即充分发挥互联网在社会资源配置中的优化和集成作用，将互联网的创新成果深度融合于经济、社会各领域中，提升全社会的创新力和生产力，形成更广泛的以互联网为基础设施和实现工具的经济发展新形态，如“互联网+农业”“互联网+医疗”“互联网+就业”。许多传统行业的发展瓶颈能够利用互联网开拓新的机遇。

以农业为例：近年来，“互联网+农业”在创新涉农产品营销方式，转变农业发展方式，为农业发展做出了巨大贡献。互联网的开放、透明、便捷，使信息突破了时空限制，人们能随时随地传递接受信息，很大程度上解决了信息不对称的问题。运用大数据分析定位消费者的需求，农业生产可以以消费者需求为中心，按照消费者的需求去组织农产品的生产和销售，农产品不再卖难在理论上成为可能，颠覆了一般意义上的生产、销售的发展方式。同时，借助于互联网，消费者和生产者可以实现沟通互动、个人定制、个性化生产、产销对接，满足消费者个性化消费，从而催生了新的销售模式和生产方式。随着电子商务的兴起，原本需要经过三、四级经销商体系的农产品在互联网的融入下变为从生产商直接到零售商。这一营销模式让农产品生产后直达消费者，减少了中间流通环节，除去了中介交易费用，大幅度降低了农产品价格，使买方卖方达到了互利双赢。

第五章
技术的两面性

马克思曾经说过：“科学是一种在历史上起推动作用的、革命的力量。”这是已经被人类历史反复证明过的朴素真理。时至今日，科学仍然不断渗透改变着生产力，发挥着推动社会进步、丰富人类精神的强大杠杆作用。

虽然科学技术作为人类认识自然和改造自然的强大思想武器，能够给人类社会带来生产力、生存环境、精神文明等多方面的变革，促进社会各领域的全面进步，但其本身的两面性和人类利用失当，科学技术也会给人类带来灾难性的负面影响。

18.古代人夏天如何避暑?

在没有空调、电冰箱、电风扇的古代，古人们是如何度过炎热的夏季的呢？这不得不佩服古人们的智慧。

在原始社会，我们祖先中某些人就掌握了扇子的基本原理，他们使用一片大大的树叶通过摇晃来制造气流，从而达到降低体表温度的效果。后来，人类学会了制造工具，大树叶经过演化成了扇子。

除了扇子之外，冰也是古人消暑的利器。古人一般在冬天采集好冰块，利用冰窖等来储存冰块。到了夏日，就可以将冰块取出放入冰鉴之内作为小型“冰箱”，或利用冷水循环做成小型空调，帮助人们度过炎热的夏季。

古人纳凉的方式充分体现了他们的智慧，不过，利用冰块消暑对于寻常百姓来说是一件消耗财力的事情。

今天，冰箱、空调几乎成了每个家庭消暑的利器，而它们的产生和运用是压缩机技术惠及于民的成果。压缩机技术的发展离不开物理学和化学等科学理论的发展。

其实科学和技术作为孪生子，是相辅相成、相互促进的。如青铜冶炼的科学知识，孕育出了青铜文明，人类的生产力得到大幅提升，从而开辟了新的文明社会。而天文望远镜制造技术的不断改进，帮助人类观测肉眼所不及的更远的世界，继而反馈给了天文学，使得天文科学知识不断丰富更新。

无论是技术更新的科学知识，还是科学知识促进的技术，其目标均应指向如何促进社会发展，如何使人类文明进步，如何让人类生活更加美好。

19.造纸术是如何传入西方的?

中国东汉的蔡伦改进了造纸术。他用树皮、麻头及敝布、渔网等原料，经过挫、捣、炒、烘等工艺制造的纸，是现代纸的起源。蔡伦纸原料容易找到，又很便宜，质量也提高了，因此被普遍使用。纸可以说是文化传播的先驱，欧洲人是通过阿拉伯人了解造纸技术的，最早接触纸和造纸技术的欧洲国家是一度为摩尔人统治的西班牙。

公元1150年，阿拉伯人在西班牙的萨狄瓦建立了欧洲第一个造纸厂。公元1276年，意大利的第一家造纸厂在蒙地法罗建成，生产麻纸。法国于公元1348年在巴黎东南的特鲁瓦附近建立造纸厂，此后又建立了几家造纸厂。这样法国不仅国内纸张供应充分，而且还向德国出口。德国是14世纪才有了自己的造纸厂。英国因为与欧洲大陆有一海之隔，造纸技术传入较晚，15世纪才有了自己的造纸厂。瑞典1573年建立了国内最早的造纸厂，丹麦于1635年开始造纸，1690年建于奥斯陆的造纸场是挪威最早的纸厂。到了17世纪，欧洲各主要国家都有了自己的造纸厂。

造纸术传入欧洲，也对欧洲的政治制度变革、思想文化传播等方面有着不容忽视的影响。

当时的欧洲封建势力顽强，文化思想专制，不具备成为当今世界最发达区域的潜质。而我国的四大发明在12—13世纪开始进入欧洲，则潜移默化地催化着潜质的显现。

当时欧洲通行的书写材料羊皮纸造价昂贵，而物美价廉的中国造纸术的传入，对传播启蒙思想、启发民智、提高教育水平起到了推动作用。

20.科技是“有百利而无一害”的吗?

我们用辩证唯物主义审视科技时，可以感受到，便捷舒适的现代化生活很大程度上是科技发展带来的，但同时也不能忽视，科技在带来便捷舒适生活的同时也会带来了一些副作用。

石油是现代工业发展的血液，它的开采、提取等技术逐渐成熟并作为能源而被广泛使用后，人类从“蒸汽时代”进入“油气时代”；人类加强了对于陆地和海洋的控制，继而也对天空进行了探索。之后人类又开展了第三次科技革命，继而被这次革命带进了更为先进的信息社会中。但人类在享受科技发展带来的各种便利的同时，也遭受着科技给人类带来的新困扰。环境污染、物种灭绝、基因危机、现代战争、网络诈骗、交通事故、枪械谋杀等因科技使用不当而导致的各类问题，时时威胁着人类的安全和健康。

恩格斯曾这样警告过人们：“我们不要充分陶醉于人类对自然界的胜利。对于每一次这样的胜利，自然界将对我们实行报复。”所以我们要辩证地看待科技的发展。虽然科学和技术的双刃剑功能从客观意义上说是必然的，不可能彻底消除，但我们在进行科学技术活动时应该尽量规避和抑制其负面作用。

科技只是一种手段，而不应是主宰，人类作为科技的掌握者，应正确利用科技的力量，尽量规避和抑制科学技术的负面作用，让科技发展成果惠及全民。只有合理使用科学技术，将科技运用于对社会和谐的建设、对人类物质及精神的丰富与塑造、对真理永不停息地正确的追求，才能使生活更美好。

21.是互联网让青少年染上“网瘾”的吗?

互联网的发展给人们的生活带来了翻天覆地的改变，而网络的运用对不同的人群在不同事件产生的价值也是不同的。

如在当下，有些家长担心自己的孩子会沉迷于网络尤其是网络游戏染上“网瘾”，导致学习成绩一落千丈，从而引发一系列的身心损害。不可否认，网络为青少年获取知识和学习信息提供了便利的途径，成为学习的一种便捷方式，然而一部分自制力差，分辨是非能力不足的未成年人容易陷入网络世界而不能自拔。

许多家庭将“网瘾”产生的根源归结于网络游戏，但不难发现，所谓被“网瘾”毒害的青少年在个人满足感上存在缺失，包括学业失败、孤独感、人际障碍等。而且，这些孩子本身大脑皮层发育不完善，意识也比较弱化，理解判断力差，自控能力也比较差。他们大多都处于青春期，反叛心理严重，对新鲜事物又充满了好奇，寻求刺激、惊险和浪漫，以满足这个阶段的人生需求，自然就会网络成瘾。但我们不能把青少年“网瘾”之过全部归咎于互联网，“网瘾”现象与青少年个体的教育方式及成长环境有关。

网络在不同人群中所体现的价值是不同的，科技也同样如此。科技的价值对不同的人群或在不同的时间，在不同的先决条件下产生的效果也不同。

22. 如何看待科技的“两面性”？

中国古代哲学家老子有言“祸兮福之所倚，福兮祸之所伏”。事物存在正反两极、利弊两端，因此在对待科技，尤其是新兴科技时，我们应该始终保持冷静客观的态度。

科技作为一种工具，使人类能够更便捷地认识世界及改造世界，能够给予人类对事物准确的预测和随心所欲的控制。科技的发展，提高了人类生存的竞争力，提高了人类享有且分配资源的基数，改变着人类的社会生活，是人类得以发展的基石。

但我们应该意识到，科技不是万能的，科技的发展无论如何迅速，也不能解决所有的问题。科技的诞生与发展，正是基于问题的存在，也就是说，问题是先于科技存在的。在一定的时期内，科技对于问题的解决或许会存在空白期、无效期。

在一定程度上说，科技的发展具有功利性，科技发展的目标是人类提高控制事物的权力和能力，看似毫无功利目的的科学研究，不仅在事实上是技术活动的基础和准备，而且在观念形态上已经将世界理解为外在的、现成的、机械的事物，因而导致人类也成为可以被控制、改造、统治的事物。

因此，我们在对待科技时，应避免神化科技，避免看待科技唯心化。我们也应该积极发掘科技的有利之处，规避或者减弱科技给人类带来的弊端，让科技给人类带来更好的生存体验。

第六章
生态文明

人与自然的关系一共经历了三个阶段，分别为依赖阶段、征服阶段、协调阶段。在工业革命前，由于人类对大自然的认识不清楚，从而造成了对自然的恐惧、崇拜与依赖；工业革命后，大机器生产逐渐取代了原有的手工作坊，人类对能源的依赖增强，从而向大自然索取更多，妄图征服自然；到了现代，由于人类对自然的任意破坏，大自然开始用灾害的方式来报复人类。为此，人类开始协调人与自然的关系，寻求一种人与自然、人与人、人与社会和谐共生、良性循环、全面发展、持续繁荣的社会形态。这种理念可以概括为生态文明理念。

23.人类能够征服自然吗?

早在数千年前，我们的先祖就曾经说过“万物皆备于我”“人定胜天”等人类可以向自然索取，人类可以征服自然的话语。然而人类真的能够征服自然，做自然之主吗？这明显是做不到的。

同时，我们的先祖在充分肯定人的主观能动性能够认识自然和改造自然的同时，也提出了“敬畏自然”“道法自然”的观点，意思是说，人类需要通过向自然学习，遵循自然规律，才能成就自身。总体而言，我们的先祖一直认为人们应该与自然和谐相处，尊重甚至是“恐惧”自然。虽然这与当时人类低下的生产力无法抗衡自然破坏有关，但仍不失为一个面对自然的正确态度，尤其是在各类生态环境问题日趋尖锐的当下。

古人从哲学层面提出过“天人协调”“天人合一”以及以“金木水火土”为基础的五行相生相克学说等一系列命题。今天，用唯物主义观点批判这些学说时，我们可以发现这些命题的局限性、片面性，但就所表达的思想而言，具备极高的借鉴性。

在治国理政方面，孟子也曾建议国君“不违农时，谷不可胜食也；数罟不入洿池，鱼鳖不可胜食也；斧斤以时入山林，材木不可胜用也。谷与鱼鳖不可胜食，材木不可胜用，是使民养生丧死无憾也。”（《孟子·寡人之于国也》）这段话虽有维护封建统治的落后思想糟粕，但其中讲述的对待农时、面对自然，人类应该如何去做，仍然具有正确性。

放眼当下，习近平总书记在十九大所做的报告中，全面阐述了加快生态文明体制改革、推进绿色发展、建设美丽中国的战略部署。明确指出，我们要建设的现代化是人与自然和谐共生的现代化，既要创造更多物质财富和精神财富以满足人民日益增长的美好生活需要，也要提供更多优质生态产品以满足人民日益增长的优美生态环境需要。

十九大报告为未来中国推进生态文明建设和绿色发展指明了路线图。

24.为什么中国农耕文明发达?

中国古代文明是典型的农耕文明。农耕文明，是指在长期农业生产中形成的一种适应农业生产、生活需要的国家制度、礼俗制度、文化教育制度等的文化集合。农耕文明融儒家文化及各类文化、宗教于一体，形成了自己独特的文化内容和特征。主体包括国家管理理念、人际交往理念以及语言、戏剧、民歌、风俗及各类祭祀活动等，是世界上存在最为广泛的文化集成。农耕文明的重要表现为男耕女织，规模小，分工简单，自给自足，不用于商品交换。

中国农耕文明的繁荣离不开优越的地理环境、优越的气候条件和中华民族的勤劳智慧，而农耕文明的稳定性也决定了古代中国长达两千年的君主专制制度。可以说，社会经济的发展状况是受到自然环境影响的。

总之，人类是生活在自然界中的一个物种，自然界的方方面面都存在着或多或少或大或小的联系。这些联系都是客观存在、难以改变，且与我们的生产生活息息相关的。因此，在生产生活中，我们必须在追求经济发展的同时也要注重环境保护，树立既要金山银山也要绿水青山，绿水青山就是金山银山的发展理念。

25.什么是土地荒漠化?

土地荒漠化就是指土地退化，也叫“沙漠化”。1992年联合国环境与发展大会对荒漠化的概念做了这样的定义：荒漠化是由于气候变化和人类不合理的经济活动等因素，使干旱、半干旱和具有干旱灾害的半湿润地区的土地发生了退化。

荒漠化的定义明确了三个问题：荒漠化是在包括气候变异和人类活动在内的多种因素的作用下产生和发展的；荒漠化发生在干旱、半干旱及亚湿润干旱区（指年降水量与可能蒸散量之比在0.05～0.65的地区，但不包括极区和副极区），这就给出了荒漠化产生的背景条件和分布范围；荒漠化是发生在干旱、半干旱及亚湿润干旱区的土地退化，将荒漠化置于宽广的全球土地退化的框架内，从而界定了其区域范围。在中国荒漠化土地中，以大风造成的风蚀荒漠化面积最大，占了160.7万平方公里。据统计，20世纪70年代以来仅土地沙化扩大的面积，每年就有2460平方公里。

土地荒漠化是全球性环境中的一种，除了土地荒漠化，气候变化、海平面上升、大气臭氧层损耗等问题都威胁着人类的明天。面对全球性环境问题，人类并非束手无策。人类可以通过大力推进清洁生产和环保产业发展，大力发展循环经济和低碳经济来积极减少经济发展对自然环境的破坏。在应对土地荒漠化的问题上，可以通过“退耕还草还林”、人工育草育林等科学手段，还荒漠一片绿色。

26.为什么要保护环境?

生态环境的污染，有极强的破坏性，而且范围极广。生态环境平衡状态的形成需要很长时间，而破坏所需时间却极为短暂——损坏的生态环境需要一个极为漫长的修复期。

保护环境的意义，不仅在于人类自身，更关乎整个地球的生态平衡、生物生存前景；保护环境的意义，不仅在于当下的人类，更在于人类未来的发展；保护环境的意义，不仅在于提供一个更好的生存环境，更是精进人类思想的利器。

我们呼吁：人人参与，人人重视，树立生态文明理念，与自然和谐相处。将自然的危害最小化，维持一个可持续发展的生态圈，构建出一个美好的未来。

第七章
可持续发展

地球是人类和其他物种共同的家园，然而由于人类常常采取乱砍滥伐、竭泽而渔等不良发展方式，地球上物种灭绝的速度大大加快。生物多样性丧失的趋势正使生态系统滑向不可恢复的临界点。如果地球生态系统最终发生不可挽回的恶化，人类文明赖以存在的相对稳定的环境条件将不复存在。

因此，我们要树立并坚持可持续发展的理念。

27.什么是可持续发展?

可持续发展，是指满足当前需要而又不削弱子孙后代满足其需要之能力的发展。可持续发展还意味着维护、合理使用并提高自然资源基础，这种基础支撑着生态抗压力及经济的增长。可持续发展还意味着在发展计划和政策中纳入对环境的关注与考虑，而不代表在援助或发展资助方面的一种新形式的附加条件。

可持续发展的核心思想：将经济发展同保护资源和保护生态环境协调一致，让子孙后代能够享受充分的资源和良好的资源环境。同时包括：健康的经济发展应建立在生态可持续能力、社会公正和人民积极参与自身发展决策的基础上。它所追求的目标：既要使人类的各种需要得到满足，个人得到充分发展，又要保护资源和生态环境，不对后代人的生存和发展构成威胁。它特别关注的是各种经济活动的生态合理性，强调对资源、环境有利的经济活动应给予鼓励，反之则应予以摒弃。在我们的日常生活中，节约用水用电，将废旧电池回收，做好垃圾分类，做到绿色出行，都是可持续发展理念的践行。

28.为什么有些资源不可再生?

我们常说的太阳能、风能、水资源、海洋能等都是可以重新利用或者在短时期内可以再生，或是可以循环使用的自然资源。它们能在一定周期（可预见）内重复形成，具有自我更新、复原的特性，而且在使用过程中产生的污染较小，所以它们也被称为“清洁能源”。然而在现阶段，在人们的生产生活中，使用更加广泛的资源却以不可再生的居多。为什么有些资源不可再生呢？

不可再生资源是指人类开发利用后，在相当长的时间内，不可能再生的自然资源。主要指自然界的各种矿物、岩石和化石燃料，例如泥炭、煤、石油、天然气、金属矿产、非金属矿产等，也叫“非再生资源”，它们的产生往往需要经过亿万年的演变。以石油为例，石油的产生有两种假说，一是大量的植物和动物死亡后，构成其身体的有机物质不断分解，与泥沙或碳酸质沉淀物等物质混合组成沉积层。由于沉积物不断地堆积加厚，导致温度和压力上升，随着这种过程的不断进行，沉积层变为沉积岩，进而形成沉积盆地，这就为石油的生成提供了基本的地质环境，从而形成油田。另一种说法是由地壳内已有的许多碳形成的。地球中的一些碳自然地以碳氢化合物的形式存在，它比岩石空隙中的水轻，因此沿岩石缝隙向上渗透，从而形成石油。不论石油是如何产生的，可以肯定的是，不可再生资源的形成需要漫长的时间，人类对它们的开采速度是形成速度远远赶不上的。

29.什么是核能？

核能又称“原子能”，即原子核发生变化时释放的能量。释放能量的方式有核裂变、核聚变和核衰变。核能是人类最具希望的未来能源之一。现在，核能被广泛运用于发电。核电站与传统的火力发电站相比，具有十分明显的优势。首先，核能发电不会像化石燃料发电那样排放巨量的污染物质到大气中，因此核能发电不会造成空气污染；其次，核能发电无碳排放，不会加重地球温室效应；再次，核能发电所使用的铀燃料，除了发电外，暂时没有其他用途；第四，核燃料的能量密度比化石燃料高上百万倍，所以核电厂使用的燃料体积小，运输和储存都很方便；最后，核能发电的成本中，燃料占用的比率较低，不易受国际经济形势的影响，发电成本稳定。不过，核能发电也有明显的缺陷：一方面核电厂会产生放射性废料，具有放射性，必须慎重处理；另一方面核

电厂热效率低，所以会比化石燃料电厂排出更多废热，对环境的热污染严重；而且核电站反应器内有大量的放射性物质，如果在事故中释放到外界环境中，会对生态及民众造成伤害。不过，核电站事故、核废料的放射性等危害是可以通过科技手段加以控制的，谈“核”色变是没有必要的。

30.为什么要给垃圾分类?

垃圾分类，是按一定的标准将垃圾分类储存、分类投放和分类搬运，从而转变成公共资源的一系列活动的总称。

垃圾分类的目的是提高其资源价值和经济价值，力争物尽其用。垃圾分类是对垃圾收集处置传统方式的改革，是对垃圾进行有效处置的一种科学管理方法。面对日益增长的垃圾产量和环境状况恶化的局面，如何通过垃圾分类管理，最大限度地实现垃圾资源再利用，减少垃圾处

置量，改善生存环境质量，是当前世界各国共同关注的迫切问题之一。在

日本，垃圾一般分为塑料瓶类、可回收塑料、其他塑料、资源垃圾、大型垃圾、可燃垃圾、不可燃垃圾、有害垃圾。在德国一般分为纸、玻璃、金属和塑料等。

垃圾分类的好处是显而易见的。垃圾分类后被送到工厂而不是填埋场，既省下了土地，又避免了填埋或焚烧所产生的污染，还可以变废为宝。

在这场人与垃圾的战役中，人们把垃圾从敌人变成了朋友。

总而言之，进行垃圾分类收集，可以减少垃圾处理量和处理设备，降低处理成本，减少土地资源的消耗，具有社会、经济、生态三方面的效益，是人们践行可持续发展和生态文明的日常途径。

第八章
崇尚科学

时下，网络的迅速普及以及移动平台的日趋完善，人们的社交能力急剧提升。伴随着社交软件爆发式增加，信息的快速和大范围传递逐渐成为发展趋势。在这种趋势中，自媒体成为私人化、平民化、普泛化、自主化的信息传播者，它们借助博客、微博、微信、贴吧等社交网络平台发出自己的声音。不过，它们除了自主发声之外，也存在着为了流量，罔顾事实肆意捏造事件的不良情形。

例如部分“80后”“90后”时常提到自己父母在各大社交媒体内转发“伪科学”知识。在生活水平提高后，部分不良人员抓住人们想要强身健体的心理，利用媒体传播许多未经科学验证的所谓“养生之道”，轻则让人损失财产、时间，重则危及身体健康。

31.什么是迷信?

迷信是对某一些事物迷惘而不知其究竟，却又盲目地相信其说。“迷信”的含义更多地倾向于“盲目地相信、不理解地相信”。从理论上说，如果不具备科学素养，就存在着“迷信”的可能性，即使是一些从事科学工作的人，如果没有足够的科学素养，也会抱有某种迷信（如迷信巫医、易经、风水、算命等）。与迷信对立的是科学。科学是一种允许自我证伪的动态开放的可靠方法（科学不是任何科学理论），讲究的是形式逻辑和证据。而迷信是无条件接受，不允许质疑、没有形式逻辑、不需要可靠证据，是盲目相信。

有些人会把迷信与宗教信仰混为一谈，其实宗教信仰与迷信并不是一回事。每个具体的宗教和宗教团体，都有某一既定的崇拜偶像，如基督教、天主教的上帝，佛教的佛陀。伊斯兰教虽不崇拜偶像，但信奉真主安拉，有修行的明确目标，有教义、教规、活动场所和宗教仪式等。封建迷信则很难说有什么一致的崇拜物，也没有什么既定的宗旨、规定和仪式，更不会有什么共同的活动场所。封建迷信的对象可能是神仙鬼怪，也可能是山川树木。封建迷信与宗教相比则显得更原始，其活动多是在局部地区或家庭范围内。

在生产力水平较不发达的时代，人们对于一些难以解释的自然现象常常用“鬼神之力”来加以解释。而随着认识自然、改造自然能力的提高，人们已经能够科学地解释风雨雷电等自然现象和自然灾害。当然，难以用科学解释的现象仍然存在，我们相信，未来科技水平进一步提高，世界上众多的未解之谜会逐一被揭开面纱。

32.如何甄别信息是非？

面对各类媒体发布的铺天盖地的信息，面对同时弥漫在我们周围的各类近乎相反的观点：熊胆是否可以被替代？燕窝的功效到底有多大？甚嚣尘上的转基因食品安全吗——孰对孰错？我们该相信谁，该拒绝谁？

首先，我们应该努力学习文化知识，科学是积累于所学所识。我们可以通过掌握自然科学知识，大致了解某类现象的形成，可以用人文知识评价一个人对于历史发展的见解的对错。如果个人的知识无法达到自行解答，还可以寻求相关专家的帮助。

其二，不是所有的科学知识都具备长久的时效性。人类的认识水平是不断向前发展的，尽管可能存在停滞期，但总体上，人类的知识是在不断更新的。有可能现在所学，在将来就是“迷信”。如哥白尼打破了“地心说”的宗教迷信学说，但其所坚持的“日心说”放在当下自然也是有日新月异的新发展。所以时刻保持一个求学好学精神，与时俱进，是紧跟时代的不二法门。

亚里士多德在数千年前提出了 “吾爱吾师，吾更爱真理”的观点。我们可以相信权威，但不能盲从，要具备辨识信息真伪的能力，不能轻易相信未经核实的信息。尤其在如今信息发达的时代，信息发布者水平参差不齐，发布信息的目的也不一，如果不加以辨别，或许就会给工作、生活造成极大的困扰。

第九章

掌握获取知识或信息的科学方法

现代科技的快速发展使得生活日新月异，时间和空间对人们交流的影响也大大减弱。我们每天都会接触到很多的信息，信息的数量远超之前，这些纷乱的信息让人应接不暇。在这样一个让人眼花缭乱的世界里，我们应当掌握获取知识和有效信息的方法，学会通过多种途径获取知识，树立终身学习的意识。

33. “信息”是什么?

“信息”这个词大家都不会陌生，我们小时候对这个词就有接触了。

信息这个词并不是现代的产物，在古代就已出现：南唐李中《暮春怀故人》诗：“梦断美人沉信息，目穿长路倚楼台。”宋人陈亮《梅花》诗：“欲传春信息，不怕雪埋藏。”《水浒传》第四十四回：“宋江大喜，说道：‘只有贤弟去得快，旬日便知信息。’”巴金《家》三一：“二表哥的事情怎样了？为什么连信息也不给我一个？”

在当代，“信息”是指事物发出的消息、指令、数据、符号等所包含的内容。泛指人类社会传播的一切内容。人通过获得、识别自然界和社会的不同信息来区别不同事物，得以认识和改造世界。在一切通信和控制系统中，信息是一种普遍联系的形式。

信息就是对客观事物的反映，从本质上看信息是对社会、自然界的事物特征、现象、本质及规律的描述。当下是信息化时代，人类获取信息的途径也比较多，但总体说来，可以归纳成自身直接获得和间接获得两种。

自身直接获得，即通过人的眼、耳、鼻、舌、身等感官获得；间接获得，即通过他人、书本、大众传媒等获得。前者称为直接经验，后者称为间接经验。

作为最直接的交流方式，数字媒体已成为民众、企业与政府了解、沟通信息的主要渠道，正在为越来越多的行业所应用。数字媒体作为最经济的交流方式，被广泛应用于政府、企事业单位、高等院校、广告等行业。这些行业对数字媒体的需求巨大，主要应用于交流信息文化、推广品牌形象、提供公共信息、反映民生需求、应对突发事件等。数字媒体技术解决方案可以帮助建立可视化的信息平台，提供即时声像信息，利于快速响应，为人们提供更广泛、更便捷、更具针对性的信息及服务，广泛应用于电力、电信、消防、交通、旅游、建设等与民生息息相关的政府职能部门与企事业单位。

数字媒体技术打破了现实生活的实物界限，缩短了信息传输的距离，使数字媒体信息得以有效利用。

34.何为原始信息与二手信息？

由于网络信息爆炸式增长，造成信息传递的无序和失控，出现了信息超载和信息垃圾等信息污染问题。人们观察和认识到的信息通常有一定的局部性和暂时性，在互联网上得到的信息往往是零散的、不系统的。只有有价值的信息才能帮助人们了解和认识世界，倘若人们的判断和决定是根据无效的甚至是错误的信息做出的，后果将是无法想象的，所以要对获得的信息进行甄别。

人们平时所得到的信息一般分为原始信息和二手信息。

原始信息是指未做任何加工处理的信息，它客观而又直接地反映了事物的真实情况。原始信息包含的范围很广，有企业生产、销售，资金周转等方面所做的原始凭证、单据以及对原始数据的记载。通过调查、访谈和查阅原始文献等方式可以获取原始信息。

二手资料是指特定的调查者按照原来的目的收集、整理的各种现成的资料，又称次级资料，如年鉴、报告、文件、期刊、文集、数据库、报表等。它与实地调查法、观察法等收集原始资料是相互依存、相互补充的。

在得到信息时，要注意判别信息是否真实。第一，要学会根据信息来源途径判别，不可信的信息来源决不可相信。第二，不要盲目相信得到的信息——并不是所有信息都是真实的。第三，多渠道获取信息，多方比较，仔细甄别。第四，根据已有的经验判别。对于信息要有一定的判断力，不能什么都信。第五，向权威机构核实。当不能确定信息真伪时，可以向权威机构求助核实，降低被欺骗的可能性。

35.信息加工包括哪些内容?

信息加工是对收集来的信息进行去伪存真、去粗取精、由表及里、由此及彼的加工过程。它是在原始信息的基础上，生产出价值含量高、方便用户利用的二次信息的活动过程。这一过程将使信息增值。

只有在对信息进行适当处理的基础上，才能产生新的、用以指导决策的有效信息或知识。

信息的筛选和判别：在大量的原始信息中，不可避免地存在一些假信息和伪信息，只有通过认真的筛选和判别，才能避免鱼目混珠、真假混杂。

信息的分类和排序：收集来的信息是一种初始的、零乱的和孤立的信息，只有将这些信息进行分类和排序，才能存储、检索、传递和使用。

信息的分析和研究是对分类排序后的信息进行分析比较、研究计算，它可以使信息更具有使用价值乃至形成新信息。

信息加工也是有讲究的，并不是信息到手就随意加工。信息加工要善于运用创造性思维，对信息内容进行定性分析和定量分析，从中找出本质的规律性的东西。如果只是局限于情况介绍、数据罗列，这种信息加工的作用很小。

在信息加工过程中，要实事求是地对信息进行加工整理，切忌主观臆断，将不同时间、不同空间、不同性质的信息硬行拼凑，造成信息失真；切忌人为地加以夸大、缩小或在加工中使客观事物变样。

36.什么是终身学习理念?

终身学习是指每个社会成员为适应社会发展和实现个体发展的需要，贯穿于人的一生的、持续的学习过程。即人们所常说的“活到老学到老”“学无止境”。在特殊的社会、教育和生活背景下，终身学习理念得以产生，具有终身性、全民性、广泛性等特点。“终身教育”和“终身学习”的理念提出后，各国普遍重视并积极加以实践。

终身学习启示我们要树立终身教育思想，使学生学会学习，更重要的是培养学生养成主动的、不断探索的、自我更新的、学以致用的和优化知识的良好习惯。

其实每个人每天都在学习，就算到老了也一样。日常接触到的新事物都是学习的内容，至于是否去深入了解那些知识，就取决于个人了。

年轻人（0~26岁）学习能力强，应该趁着这个时候多学习各方面的知识，然后找一个方向进行发展并且深入学习该项知识和其他辅助知识，为事业打好基础，为将来的发展定下方向。

年长之后（27~59岁），由于工作比较忙，年龄也慢慢大了，学习能力下降，就应该根据自己的工作重点选择学习重点，不然随着科技发展和知识的发展，很快就会被淘汰或者事业上不能得到提升。

到了老年 (60岁以上)，可以多接触各种各样的事物，寻找自己的爱好。现在已经不是工作的年龄了，因此没必要去学习很精深的知识；开阔自己的视野，增长自己的见闻，比每天在家里做家务、打麻将有意义得多，生活也会更加精彩。

37.如何快速检索有效信息？

Internet上的搜索引擎为我们搜索网络资讯提供了方便，搜索引擎主要功能是建立数据库，将杂乱无序的信息组织起来，建立有序的索引文档，供人们查询使用。

在生活中，我们可以运用便捷的手机移动互联网来快速获取自己需要的信息。例如，如果需要去一个陌生的地方，我们可以利用地图软件来查找地图，获取最佳路线。如果在生活生产中遇到问题，也可以利用浏览器的搜索引擎输入问题，就可以获取大量的相关信息。但网络搜索的信息来源广，在获取信息的同时，也需要对这些信息进行科学甄别，从而获取能够帮助自己生产生活的有效信息。

第十章

趣味数学

数学是研究数量、结构、变化、空间以及信息等概念的一门学科，从某种角度看属于形式科学的一种。

华罗庚曾说：“宇宙之大，粒子之微，火箭之速，化工之巧，地球之变，生物之谜，日月之繁，无处不用数学。”笛卡尔也曾说过：“数学是知识的工具，亦是其他知识工具的源泉。”

由此可见数学的重要性，以及在生活中的应用之广。

38.什么是概率?

“山无棱，天地合，才敢与君绝。”，这句充满浪漫主义的爱情誓言，其实也暗合着一个另类的数学问题——概率。

在数学上，概率一般用来衡量一个事件发生或不发生占总实验次数的比重。“山无棱”和“天地合”在自然界中发生的次数无限趋近于零，几乎是永远不会发生的事件，这也便暗示着男主人公对女主人公爱慕的坚定与对爱情的忠贞。

生活中使用概率的机会非常多，其中的典型事例就是天气预报。如果对播报员某地某处可能有强降雨的提醒无动于衷，那么没带伞的我们很可能成为落汤鸡。当然也可能因为听了降雨预报，随身携带伞，之后却是晴空万里。这类对于下雨可能性的预估，也是对于概率的正面使用例证之一。

总之，概率作为高频使用的数学项目之一，在我们的生活中发挥着难以言明的重要作用。

39.图表信息有什么优势?

图表是一种数学的表达方式。人们在工作、生活中经常会看到各式各样的图表，也会自己动手制作一些图表。在数学上，图表泛指在屏幕中显示的、可直观展示统计信息属性（时间性、数量性等），对知识挖掘和信息直观生动感受起关键作用的图形结构，是一种很好的对象属性数据直观、形象的“可视化”的手段。

通过数据图表，可以较精准地查看数据的差异和预测趋势，使数据比较或数据变化趋势变得一目了然，有助于快速、有效地表达数据关系，从而帮助人们获取有效信息，快速做出判断。

常用图表类型：柱形图（直方图）、折线图、饼图、条形图、雷达图等。柱形图适于比较数据之间的多少，折线图适于反映一组数据的变化趋势，饼图比较适于反映相关数据间的比例关系，条形图能够清楚地显示各个项目之间的比较情况。近年来又诞生了漏斗图、数据地图、瀑布图等新型图表，但总体而言，主要采用的图表类型仍集中在前几个。

40.什么是演绎推理中说的三段论?

三段论是由两个含有一个共同项的性质判断作前提，得出一个新的性质判断为结论的演绎推理。三段论是演绎推理的一般模式，包含三个部分：大前提——已知的一般原理；小前提——所研究的特殊情况；结论——根据一般原理，对特殊情况作出判断。例如：知识分子是应该受到尊重的，人民教师都是知识分子，所以，人民教师都是应该受到尊重的。其中，结论中的主项叫小项，用“S”表示，如上例中的“人民教师”；结论中的谓项叫大项，用“P”表示，如上例中的“应该受到尊重”；两个前提中共有的项叫中项，用“M”表示，如上例中的“知识分子”。在三段论中，含有大项的前提叫大前提，如上例中的“知识分子是应该受到尊重的”；含有小项的前提叫小前提，如上例中的“人民教师都是知识分子”。三段论推理是根据两个前提所表明的中项M与大项P和小项S之间的关系，通过中项M的媒介作用，从而推导出确定小项S与大项P之间关系的结论。

41.什么是必然事件和不可能事件?

概率论中，在一定的条件下重复进行试验时，有的事件在每次试验中必然会发生，这样的事件叫必然发生的事件，简称必然事件。必然事件发生的概率为1，但概率为1的事件不一定为必然事件。比如说：一个圆形靶子上，一个点是没有面积的，数学上算概率为0，但实际上是有概率射中的；去除这个点射这个靶子数学上概率为1，但并不是必然的，因为有可能射中去除的这一个点。

概率论中将在一定条件下不可能发生的事件叫不可能事件。人们通常用0来表示不可能事件发生的可能性，即：不可能事件的概率为0。但概率为0的事件不一定为不可能事件。举个例子，区间[0,1]，随机选一个点落在[0,1/3]内的概率是1/3，这是经典的几何概型。但是对于任意的$0<a<1$，事件$\{X=a\}$的概率都是0，属于零概率事件。但是a被选中完全有可能发生。

必然事件和不可能事件统称为确定事件。

数学帮助人类发展了求异思维，培养了人类理论联系实际的学风和勇于探究、大胆创新、不断进取的精神，让人类亲自体会参与应用所学知识去解决实际问题的乐趣。

42.什么是数学思维?

数学思维是人们通常所说的数学思维能力，即能够用数学的观点去思考问题和解决问题的能力。比如转化与划归，从一般到特殊、特殊到一般，函数 / 映射的思想等等。一般来说数学能力强的人，基本体现在两种能力上，一是联想力，二是数字敏感度。前者能够将两个看似不相关的问题联系在一起，这其中又以构造能力最让人折服；后者便是大多数曝光的所谓Geek，比如什么Nash之类的。当然也有两种能力的结合体。我国初中、高中数学教学课程标准中都明确指出，思维能力主要是指会观察、实验、比较、猜想、分析、综合、抽象和概括；会用归纳、演绎和类比进行推理；会合乎逻辑地、准确地阐述自己的思想和观点；能运用数学概念、思想和方法，辨明数学关系，形成良好的思维品质。

根据数学思维的科学性，在学校教育中，有些教师也形成了独特的数学思维教学模式。所谓数学思维教学，是数学教师在教学活动过程中，引导学生根据数学素材进行具体化的数学构思，进行数学运算，形成数学感知，也就是我们常说的“数感”。这是一种动态的数学学习活动。例如，原来有8只小鸟，又飞来4只，这是数学素材；根据这些素材形成数学构思就是数学思维。例如，原来有8只小鸟，又飞来4只，一共有几只？原来有8只小鸟，又飞来4只，飞来的比原来的少几只？原来有8只小鸟，又飞来4只，原来的是飞来的几倍？

第十一章
解密物理

谈及科学家，人们总会想起居里夫人、爱因斯坦等人，他们都是世人熟知的物理学家；“我长大想当科学家”的豪言壮语被一代又一代的少年喊出。物理学到底以何种魅力吸引着，又让无数人愿意为之奉献终生呢？

物理学是研究物质运动最一般规律和物质基本结构的学科。作为自然科学的带头学科，物理学研究大至宇宙，小至基本粒子等一切物质最基本的运动形式和规律，因此成为其他各自然科学学科的研究基础。它的理论结构充分地运用数学作为自己的工作语言，以实验作为检验理论正确性的唯一标准。它是当今最精密的一门自然科学学科。

43.世界万物是由什么构成的?

随着社会的发展进步，人类对物质构成的认识也在不断深入。构成物质的基本微粒有分子、原子、离子等。原子是保持物质化学性质的最小微粒，但却不是构成物质的最小粒子。原子由原子核和核外电子构成，而原子核由质子和中子构成，质子和中子均由夸克组成。至于夸克的组成，人类还在进行进一步的研究。

原子构成分子，分子可以构成物质。但是，不是所有物质都是由分子构成的，例如氯化钠晶体（食盐）就是由离子构成，而铁单质则是由铁原子直接构成。

在人类的探索过程中，未来，一定会对物质构成有更深层次的认识。

44.油锅里捞铜钱的人真有“金刚不坏之身”吗?

现实生活或影视剧中，常能见到街头艺人表演“油锅捞铜钱”的把戏。其实，油锅当中有半锅并不是油，而是醋。由于醋密度大，沸点低（40℃左右），在锅还没有加热到高温的时候就已经沸腾了，而油的密度小于醋的密度，因而浮在上层，这样，看起来就是把手伸进滚烫的油锅当中捞铜钱而不会被烫伤了。这是运用了液体密度不同，沸点不同的物理原理而制造的骗局。

事实上，在常温常压下，每个物体都有其相对稳定的密度。相同体积的不同物体，密度越高，质量越重。例如，1立方米的金比1立方米的银更重。沸点是指液体沸腾时的温度。在同一气压下，沸点越高，则沸腾时的温度越高，反之亦然。

45.“胸口碎大石”还是“大石碎胸口”？

“胸口碎大石”是一种常见的杂技，究其根本，也是物理知识的灵活运用。根据牛顿第二定律，当受力大小一定时，物体的质量越大，加速度越小，因而对人体的碰撞越小，不会造成伤害。另一方面，根据压力等于压强和面积的乘积这一公式，当铁锤撞击石块，接触面积很小，压强很大，石块破碎。而大石块与人体有很大面积的接触，当力传递过来时，产生的压强很小，不足以对人体造成伤害。

不过，即使知道原理，杂技仍然是一项高危活动，需要专业的训练和良好的身体素质，不建议读者尝试。

其实，压强的原理在我们生活中被广泛运用。例如，用一根尖锐的针去刺手指，我们的手很容易被刺破，但是用同样的力去推动同样质量的小圆棒，手就没那么容易被刺破了。

46.彩虹是怎样形成的?

彩虹是太阳光经反射和折射形成的。

太阳光并不是一束白色光，而是由无数不同波长的可见光（如红橙黄绿青蓝紫）和不可见光（红外线、紫外线等）混合而成。因为水对光有色散的作用，不同波长的光的折射率有所不同，蓝光的折射角度比红光大，当空气中有大量小水珠时，阳光射入水珠以不同的角度发生折射和反射，从水珠射出时再一次折射和反射，不同波长的光排列在不同的位置，形成了彩虹。

实际上，彩虹的颜色并没有明显界限，人们看见的七色彩虹也只是主观上易于分出的颜色，在这七种颜色的中间还有许多不同色度的过渡色。

由于太阳光强度和角度的不同，彩虹有的时候也会缺失一些颜色，这就是为什么有的时候只能看见三色彩虹的原因。

47.太阳活动对地球有什么影响?

阳光是地球上生命活动所需能量的最终来源。

太阳活动是由太阳大气中的电磁过程引起的局部区域各种不同活动现象的总称，平均周期是11年，活动强度时强时弱，包括太阳黑子、太阳耀斑、太阳风、日珥和日冕瞬变事件等。其中，太阳黑子是产生在太阳光球层上的一种炽热气体的巨大漩涡，是太阳活动中最基本、最明显的现象。

太阳活动对地球有着巨大的影响。当太阳活动剧烈，尤其是太阳耀斑爆发时，太阳射来的强X射线、紫外线等会使地球电离层变厚，影响地球上的无线电通信。太阳耀斑引发的磁暴干扰地球磁场，影响人类正常的生产生活。同时，太阳活动还会影响地球气候，产生自然灾害，因而对太阳活动的预报是很有必要的。

48.处于高压电线落地的危险区该如何自救?

当高压电线落地后，在地面上会形成以触地断头为圆心的一片圆形带电区域（环形电场），触地断头上的电压等于高压电线上的电压，距离触地断头越远电压越小。当一个人从圆心跨步走向远离圆心的位置，双脚踩在不同电压的区域，使得两脚之间产生电压差，电流从人身体流过，会造成触电。这就是我们说的“跨步电压触电”。因此，当人不小心处于高压电线落地的危险区域时，为避免形成跨步电压，应双腿并拢跳跃或单腿跳跃至距离触地断头20米以外的安全区域。

49.什么是质量守恒定律和能量守恒定律?

1765年，俄国科学家罗蒙诺索夫提出，在化学变化前后物质的质量是不变的。1777年，法国化学家拉瓦锡通过大量定量实验，发现在化学反应中，参加反应的各物质质量的总和等于反应后生成的各物质质量的总和。这一规律就叫物质的质量守恒定律，也称为物质不灭定律，是自然界普遍存在的基本定律之一。而能量守恒定律，也是自然界普遍存在的基本定律之一，又称为热学第一定律：能量既不会凭空产生，也不会凭空消失，它只会从一种形式转化为另一种形式，或者从一个物体转移到其他物体，而能量的总量保持不变。

第十二章 生活中的化学

“化学”一词，单是从字面解释就是“变化的科学”。化学如同物理一样，皆为自然科学的基础学科。化学是一门以实验为基础的自然科学。门捷列夫提出的化学元素周期表大大促进了化学的发展。如今很多人称化学为“中心科学”，化学是在原子层次上研究物质的组成、结构、性质及变化规律的自然科学，这也是化学变化的核心基础。化学是一门历史悠久而又富有活力的学科，它的成就是社会文明的重要标志。世界是由千千万万种物质组成的，学好了化学，人们就能更好地认识和改造这个世界了。

50.为什么生命离不开水?

水由氢元素和氧元素组成，通过电解实验可以产生氢气和氧气。成人身体里的水分大概占了70%的比重，婴儿身体里水分的比重还要更高。人的脑组织中，水分的含量大约为85%，血液中水分含量达到90%。人体如果失水10%～20%，就会危及生命。水是人体细胞和体液的主要组分，维持着身体内电解质的平衡。水承担着输送营养的责任，又是排泄废物的载体，人体通过水循环完成新陈代谢。除此之外，水还有着润滑器官、调节体温、护卫肌体的功能。水对人体有着至关重要的作用，也因此被称为“生命之源”。

既然水对人体如此重要，我们就应当养成经常喝水的良好习惯，喝水也要讲究科学。人体每天排泄、蒸发、呼出的水分超过了2000毫升。有消耗，就要有相应的补充。按我国《膳食指南》的建议，在没大量出汗和环境湿度基本适宜的情况下，每日饮水应在6～8杯（一次性纸杯就是一杯的量，大约为200毫升），这样算下来每天应饮水1200～1600毫升。

喝水应坚持“少量多次”，不要等口渴了再喝水，那时身体已经缺水了，要保证两顿饭之间至少喝上一杯水。早上起床后喝杯水，对人体健康十分有益。进行体育运动时身体会大量出汗，更应多喝水。

总体来说，即便有特殊情况也得一天饮水不少于500毫升，多数情况下不宜超过3000毫升，尿毒症、心衰患者要控制好饮水量，痛风、肾结石患者则更要多补充水分。

51.空气当中有些什么?

人类的生命活动离不开呼吸，那么空气中到底有什么在支撑我们的呼吸呢？空气并不是一种气体的学名，而是多种混合气体的总称。正常的空气成分按体积分数计算是：氮气约占78%，氧气约占21%，稀有气体约占0.94%，二氧化碳约占0.03%，还有其他气体和杂质约占0.03%。呼吸活动的原料就是空气中的氧气。氧气的化学性质非常活泼，具有助燃性和氧化性。空气中的氧气能够通过植物的光合作用补充，二氧化碳则作为光合作用的原料，在植物体内转化为氧气释放出来。在国民经济各部门，二氧化碳有着十分广泛的用途，因为它的不可燃烧的性质，常被用作焊接时的保护气体。

空气是地球上的动植物生存的必要条件，动物呼吸、植物光合作用都离不开空气；大气层可以使地球上的温度保持相对稳定，如果没有大气层，白天温度会很高，而夜间温度会很低；大气层可以阻止来自太空的高能粒子过多地进入地球，阻止陨石撞击地球，因为陨石与大气摩擦时既可以减速又可以燃烧；风、云、雨、雪的形成都离不开大气；声音的传播要利用空气；降落伞、减速伞和飞机的飞行也都利用了空气的作用力；一些机器要利用压缩空气进行工作；臭氧层可以吸收来自太阳的紫外线，保护地球上的生物免受伤害。

52.如何清洗锅炉中的“水垢”?

水垢又被称作“水锈”，是金属容器中的水在高温时，受热析出的钙、镁等盐类黏结在金属表面形成的白色或黄色结晶体，其主要成分是碳酸盐和硫酸盐。由于水垢的导热能力很差，金属容器上长期覆盖水垢不仅会影响容器的使用效率，严重时甚至会导致爆炸（如锅炉）。水垢胶结后，也常常会附着大量重金属离子，如果该容器用于盛装饮用水，会有重金属离子过多溶于饮水，影响饮用者的身体健康。

水垢主要有以下几种清除方法：

（1）小苏打除水垢。结了水垢的铝制水壶烧水时，放1小匙小苏打，烧沸几分钟，水垢即除。

（2）柠檬除水垢。将柠檬切片放入烧水壶（越薄越好，目的是让柠檬酸尽量释放出来），水烧开煮沸5分钟左右关火，让柠檬在水中浸泡2分钟即可除去水垢。

（3）醋除水垢。如烧水壶有了水垢，可将几匙醋放入水中，烧一两个小时，水垢即除。如水垢中的主要成分是硫酸钙，则可将纯碱溶液倒在水壶里烧煮，可除水垢。

（4）水垢清洁剂清除水垢。水垢清洁剂主要成分是羟基丙三酸，原料安全无毒、环保。水垢清洁剂使用便捷、效果好，适合家庭用户使用。

53.元素周期表是什么？

现代化学的元素周期表是1869年俄国化学家门捷列夫创制的，他将当时已知的63种元素根据相对原子质量的大小排列成表，表中一横行称为一个周期，一列称为一个族，原子半径呈从左到右依次减小、从上到下依次增大的规律排列。具有相似化学性质的元素被放在同一列，这使得周期表中的元素形成分区，如碱金属元素、卤族元素、稀有气体等。

元素周期表揭示了化学元素之间的内在联系，使其构成了一个完整的体系，成为化学发展史上的重要里程碑之一。

在化学教科书和字典中，都附有一张“元素周期表”。这张表揭示了物质世界的秘密，将一些看来似乎互不相关的元素统一起来，组成了一个完整的自然体系。它的创制，是近代化学史上的一个创举，对于促进化学的发展起到了巨大的作用。

元素周期表能够准确预测各种元素的特性和互相之间的关系，是分析化学行为时的重要手段，科学家们纷纷使用元素周期表来寻找新的元素和化合物。随着科学的发展，元素周期表中未知元素留下的空位将先后被填满。当原子结构的奥秘被发现时，编排依据由相对原子质量改为原子的质子数（核外电子数或核电荷数），形成现行的元素周期表。

2015年，有4种新元素加入元素周期表。

54.金属和非金属有什么区别呢?

金属是一种具有光泽、化学性质活泼的物质，富有导电性、延展性，除了汞以外常温下为固态。金属在自然界中多以化合物的形式广泛存在，极少数（如金、银）以游离态存在。

非金属通常是指气体和没有金属特性的固体、液体，不具有良好的导热性和导电性。非金属元素具有非金属的通性，非金属性越强，元素的氧化性也越强。

从原子结构来看，金属元素的原子最外层电子数较少，一般小于4；而非金属元素的原子最外层电子数较多，一般大于4。从化学性质来看，在化学反应中金属元素的原子易失电子，表现出还原性，常作为还原剂。非金属元素的原子在化学反应中易得电子，表现出氧化性，常作为氧化剂。

从物理性质来看，金属与非金属有着较多的差别。首先一般来说金属单质具有金属光泽，大多数金属为银白色；非金属单质一般不具有金属光泽，颜色也是多种多样。其次金属除汞在常温时为液态外，单质常温时都呈固态；非金属单质在常温时多为气态，也有的呈液态或固态。再次，一般说来，金属的密度较大，熔点较高；而非金属的密度较小，熔点较低。最后，金属大都具有延展性，能够传热、导电；而非金属没有延展性，不能够传热、导电。

第十三章
浩瀚的宇宙

在宇宙中，地球是唯一一颗有生命存在的星球吗？宇宙是有限的吗？如果是，宇宙之外又是什么？古代对宇宙的定义，有西汉的《淮南子》：“往古来今谓之宙，四方上下谓之宇。”在今天，广义的宇宙是万物的总称，是时间和空间的统一。狭义的宇宙是地球大气层以外的空间和物质。随着科技的发展，宇宙神秘的面纱正被缓缓揭开。

55.宇宙从何而来?

宇宙是一个充满未知的世界，科学家为了揭开宇宙形成之谜，进行了大量研究，提出了种种假说。“宇宙大爆炸”理论就是其中比较流行的一种，也是现代宇宙学中最有影响的一种学说。

“大爆炸”理论认为，宇宙诞生于大约150亿年前的一次大爆炸。宇宙原是一个体积不大，但密度极高的火球，它曾有一段由热到冷的演变过程，在此期间，宇宙不断膨胀，物质密度从密实演变到稀疏，整个过程如同一次规模巨大的爆炸。宇宙爆炸之后的不断膨胀导致温度和密度急速下降，逐步形成微粒并复合成气体，气体逐渐凝聚成无数的星云，由星云再进一步形成各种各样的星系和恒星——这就是我们现在的宇宙。

比利时天文学家勒梅特首次提出宇宙大爆炸假说，美国物理学家伽莫夫于1946年正式提出大爆炸理论，认为宇宙是在大约137亿年前的一次大爆炸中形成的。1989年，“探测者号”卫星首次探查深空时，看到了一个完美的宇宙，证实宇宙的确开始于一次猛烈的大爆炸，而爆炸之后经过均匀扩张、冷却形成现在的状态。

56.太阳是银河系的中心吗?

人们都知道太阳是银河系内的一颗恒星，也是太阳系的中心。地球和其他太阳系星体都是围绕着太阳运行的。而对于银河系来说，太阳并不是它的中心，而是处于银河系的边缘。卡普里认为太阳在银河系的悬臂上，与银河系的中心有几万光年的距离。

银河系是一个十分庞大的恒星集团，由约两千亿颗恒星构成，太阳只是其中极为普通的一员。从地球上望去，银河系像是一条亮带，然而用天文望远镜看就会发现它是由无数恒星组成的。银河系对太阳系来说实在是非常庞大，太阳系只是银河系的一个小点，就像一箩筐芝麻中的一粒。

在天文学史上，波兰天文学家哥白尼推翻了托勒密的“地心说”，证明地球不是宇宙的中心，而是太阳系中一颗普通的行星。而美国的天文学家沙普利则进一步揭示了太阳不是银河系的中心，这一见解破除了将太阳看作银河系中心的传统观念，向建立银河系的正确图像跨出了革命性的一步。

57.地球一直在运动吗?

地球在空间不停地运动，这是不以人们的主观意识为转移的客观事实。地球除了自身内部的物质运动外，还会进行自转和公转运动。

地球绕地轴的旋转运动叫作地球的自转。地轴的空间位置基本上是稳定的。它的北端始终指向北极星附近，地球自转的方向是自西向东；从北极上空看，呈逆时针方向旋转。地球自转一周的时间为23小时56分4秒，这个时间称为恒星日；然而在地球上，人们感受到的一天是24小时，这是因为选取的参照物是太阳。由于地球自转的同时也在公转，这3分56秒的差距正是地球自转和公转叠加的结果。天文学上把人们感受到的这一天的24小时称为太阳日。地球的自转，引起了日月星辰的周日视运动，造成了太阳的东升西落，星星的昼隐夜出，形成了昼夜交替，24小时一周。

地球绕太阳的运动，叫作公转。从北极上空看是逆时针绕日公转。公转一圈的周期叫作一年。地球绕太阳运动的轨道叫作黄道。地球的自转轴与黄道面不是垂直的，而成23.5° 的夹角。这样，随着地球在公转轨道上的移动，对于地球表面上某一固定点而言，太阳的视高度每时每刻都在变化。正是由于这个原因，随着地球的公转，构成了地球上春、夏、秋、冬四季的更迭与热带，南、北温带和南、北寒带五带的区分。

58.为什么会出现日食和月食？

我国古代有“天狗食日（月）”的说法，认为天上有条恶狗在不停地追逐太阳或月亮，当太阳或月亮被吞食时便要用锣鼓和放鞭炮赶走恶狗。随着现代科技的发展，人们知道“天狗食日（月）”其实就是日（月）食现象。

地球倾斜着围绕太阳公转，周期是一年，形成四季更迭；同时地球自西向东自转，周期是一天，形成了昼夜交替。而月球是地球的卫星，围绕着地球公转一周为一个月。在这种运动体系下，当太阳、月球和地球运行至同一直线时，如果是月球在地球、太阳中间，遮挡住了太阳投向地球的光线，人们看到太阳上有阴影，这便是日食。由于三个星球相对位置的不同，日食可以分为日全食、日偏食和日环食。同样的，当地球运行至太阳和月球中间时，太阳投射至月球的光线被地球遮挡，就形成了月食。

59.神秘的黑洞是什么？

科学家们推测，在遥远的太空中，存在着一种特殊的天体，它叫黑洞。黑洞所谓的黑，就是它既不向外界发射光线，也不反射任何光线，它是“黑”的，因此人们无法看见它；所谓“洞”，是表明任何东西一进到它的内部便休想再出去，所以它像一个真正的“无底洞”。黑洞怎么会这样呢？这是因为黑洞是一个质量极大、具有极大引力的天体，以至于任何东西，包括光在内都不能从中逃掉。而且黑洞强大的引力场还足以摧垮其内部的一切物体，所以黑洞内部不具备任何类型的物质结构——这就是著名的“黑洞无常定理”。也因此人们无法直接观测到黑洞，只能由其对其周围物质的影响去进行探测。到目前为止，尽管很多天文学家都认定黑洞的存在，但没有明确的证据表明观测到了黑洞，因此黑洞是否存在至今还是一个谜。

60.牛郎星和织女星真的能在七夕相会吗？

牛郎织女的浪漫爱情故事被世人代代传颂。传说牛郎和织女每年的七夕都会在鹊桥上相会。

不过，牛郎星和织女星是不会相会的。

在中国人的心中，织女星是一颗美丽的星星，它代表着爱情与智慧，而真正的织女星只是一颗普通的恒星。织女星呈白色，被称为“夏夜的女王”。它位于天琴座中，是夏夜天空中最亮的星之一。隔着银河，东岸边有牛郎星，牛郎星属天鹰座。牛郎星两边有两个小星叫扁担星。牛郎星距离地球约16光年（一光年是光在一年中走过的距离，约为10万亿公里）。织女星距离地球约27光年，它们之间的距离也有16光年。假如牛郎给织女打个电话，也要经过16年才可送达织女。而织女马上回话，当信息传送到牛郎耳中时已经过了32年，可见它们之间的距离非常遥远。

第十四章
我们的地球

在浩瀚的银河系中，有一颗蔚蓝色的行星——地球。地球是人类唯一的家园，人们亲切地称地球为母亲。

起初，地球只是混沌一片，经过40亿年的演变，沧海桑田，物转星移，千亿年的孕育，最终才形成今天生机盎然的景色。

你对我们的地球母亲了解有多少呢？

61.是盘古开天地才有了世界吗?

对于地球万物起源，中国和西方有着不同的神话传说。经科学证实，并不是盘古开辟天地才有了世界。那么我们的地球是怎样形成的呢?

地球是在宇宙大爆炸后的100亿年后才逐渐形成的。地球大约形成于46亿年前，诞生之初，它只是一颗光秃秃的行星。这时的地球常常遭到陨星轰炸，岩石表面因而开始熔化，变成一个圆球形的、极度炽热的熔岩海洋。后来，轰炸停止，地球表面冷却下来，但新形成的固体表面同时也将气体裹到了里面。随着压力越来越大，便导致了接连不断的火山喷发，而各种气体聚集形成了新的大气层。另外，不稳定的地势结构也使得地壳不断发生激烈运动，于是，就在这种冲撞和震动之中，地球完成了从无机界到有机界的自然演变。

62.地球表面是怎样的?

地球表面是地球大气圈、岩石圈、水圈、生物圈相互相接的层面，它构成了与人类相关的地球环境。

岩石圈是地球上地幔顶部软流层以上的岩石圈层。厚60～120公里，

由地壳和上地幔顶部组成。岩石圈可分为六大板块：欧亚板块、太平洋板块、美洲板块、非洲板块、印度洋板块、南极洲板块 。岩石圈的厚度因地而异。一般而言，大陆地壳的岩石圈厚度大于海洋地壳的岩石圈厚度。

水圈指地壳表层、表面和围绕地球的大气层中存在着的各种形态的水，包括液态、气态和固态的水，是地球外圈中作用最为活跃的一个圈层，也是一个连续不规则的圈层。各种水体参加大小水循环，不断交换水量和热量。

大气圈是地球外圈中最外部的气体圈层，它包围着海洋和陆地。在2000～16000公里高空仍有稀薄的气体和基本粒子。在地下，土壤和某些岩石中也会有少量空气，它们也可认为是大气圈的一个组成部分。地球大气的主要成分为氮、氧、氩、二氧化碳和不到0.04%比例的微量气体。整个大气层随高度不同表现出不同的特点，分为对流层、平流层、中间层、暖层和散逸层，再上面就是星际空间了。

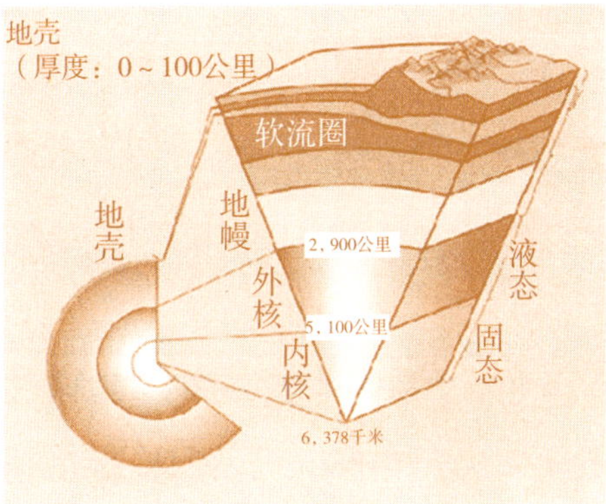

生物圈是生物活动的范围和生物本身的总称。生物活动的范围包括地球大气圈的下层、岩石圈的上层和整个水圈。地球上有生命存在的地方均属生物圈。

地球表层各个圈层相互渗透，互为整体，你中有我，我中有你，共同形成人类赖以生存的美丽家园。

63.为什么说地球内部像一个熟鸡蛋?

我们所处的地球，它的构造就像一个鸡蛋一样，从外到里大体可分为三层。最外面的一层硬壳很像鸡蛋的壳，叫“地壳”。地壳的厚度是不均匀的，海洋下面比较薄，最薄处仅5公里左右，大陆所在的地方比较厚，最厚的地方可达70公里左右。地壳的平均厚度为33公里。从地壳往下到2900公里深处的一层相当于鸡蛋白的，叫“地幔”。从地下2900公里直到地心部分，相当于鸡蛋黄，叫“地核”。地球从内到外的结构是地核、地幔、地壳。在地壳和地幔之间的接触面被称为“莫霍面”，地幔和地核由“古登堡面”界开。

64.地球是“陆地”之球吗?

我们生活的星球名字叫“地球”，可是地球真的是“陆地之球”吗?其实，从太空上看，地球是一颗蔚蓝的美丽星球，而蔚蓝部分却是“海洋”，地球表面71%是海洋，陆地面积仅占29%，即地球上七分是海洋，三分是陆地——“地球”这名字有些“名不副实”。

地球的陆地板块共分为七个部分，面积从大到小分别是亚洲、非洲、北美洲、南美洲、南极洲、欧洲和大洋洲；地球上共有四片海洋，面积从大到小分别为太平洋、大西洋、印度洋和北冰洋，即“七大洲四大洋”。

65.为什么会江流不竭，海水不盈?

涓涓细流汇聚成江，条条江流奔腾入海。地球上的水一直都在运动，其循环的动力是太阳能和重力的结合。

首先，在太阳能的驱动下，海洋和陆地上水分的蒸发和植被蒸腾作用不断地向大气供应水分，在大气环流运动作用下，大气中的水汽在全球范围内重新分配，然后以雨、雪、雾等形式又重新返回到海洋和陆地。这一过程，称为全球尺度水循环过程。

其次，降至陆地而没有蒸发的水分通过河流、湖泊或地下水运动及冰川、冰山的崩解，又返回到海洋中去。这样，在水分上升（环）和下降（环）的共同作用下，水分川流不息，形成了水的全球循环。地球表面的各种水体，通过蒸发、水气运移、降水、地表径流和下渗等水文过程紧密联系，相互转换，构成了全球水循环。

总的来说，地球上的降水量和蒸发量是相等的。也就是说，通过降水和蒸发这两种形式，地球上的水分达到平衡状态。但在不同的表面、不同地区的降水量和蒸发量是不同的。就海洋和陆地来说，海洋的蒸发量约占总蒸发量的84%，陆地占16%；海洋的降水占总降水的77%，陆地占23%；可见，海洋的降水比蒸发少7%。海洋和陆地的水量差异是通过江河源源不断送水到海洋，以弥补海洋每年因蒸发量大于降水量而产生的亏损，达到全球水循环的平衡。

66.天气和气候有什么区别?

天气是一定区域短时段内的大气状态（如冷暖、风雨、干湿、阴晴等）及其变化的总称。天气包括晴雨状况变化和气温变化，有时间短、变化快的特点。如天气预报中常出现“晴，24～28℃”“晴转多云，18～24℃”“雨夹雪，－2～0℃”等描述。下图为常见天气的符号标志。

天气	符号	天气	符号	天气	符号	天气	符号
晴		多云		阴		小雨	
中雨		大雨		暴雨		冰雹	
雷阵雨		雨夹雪		小雪		中雪	
大雪		雾		霜冻		沙尘暴	

气候是指一个地区多年的天气平均状况，具有时间长、较稳定的特点。决定气候形成的主要因素为辐射因素、海陆因素和环流因素。比如我国的主要气候类型是亚热带季风气候、温带季风性气候、温带大陆性气候和高原山地气候。

我国有16种突发气象灾害预警信号，分别为台风、暴雨、暴雪、寒潮、大风、沙尘暴、高温、干旱、雷电、冰雹、霜冻、大雾、霾、道路结冰、雷雨大风、森林火灾。气象灾害预警信号总体上分为蓝色、黄色、橙色和红色四个等级(Ⅳ、Ⅲ、Ⅱ、Ⅰ级)，分别代表一般、较重、严重和特别严重。

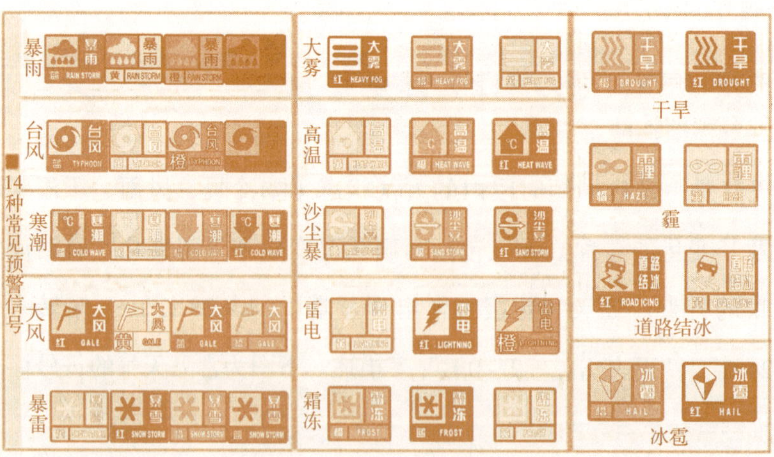

67.中国地理的画卷你展阅了多少？

地形地貌篇

地貌就是地球的外貌，也叫地形。中国的地形复杂多样，山区面积广大，地形种类齐全，各种地形交错分布，山地（海拔在500米以上，起伏较大的地貌）约占全国土地面积的33%，高原约占26%，盆地约占19%，平原约占12%，丘陵约占10%。主要地形区有四大高原（青藏高原、内蒙古高原、黄土高原和云贵高原）、四大盆地（四川盆地、准格尔盆地、塔里木盆地和柴达木盆地）、三大平原（东北平原、华北平原和长江中下游平原）和三大丘陵（辽东丘陵、山东丘陵、东南丘陵）。

“君不见，黄河之水天上来，奔流到海不复回。”根据此诗句可以知道：黄河至西向东入海，且具有落差大的特点。这也反映了我国地势的主要特点为：西高东低，呈三级阶梯状分布。一级、二级阶梯的分界山脉为昆仑山脉—祁连山脉—横断山脉；二、三阶梯的分界山脉为大兴安岭—太行山脉—巫山—雪峰山。中国的山脉根据排列和走向，可归纳为五个大的体系：

东西走向：天山—阴山—燕山、昆仑山—秦岭—大别山以及南岭山系；

南北走向：贺兰山、六盘山、横断山等山脉；

东北—西南走向：大兴安岭—太行山—巫山—雪峰山、长白山—武夷山以及台湾山脉；

西北—东南走向：阿尔泰山、祁连山等山脉；

弧形山脉：喜马拉雅山、冈底斯山、唐古拉山等山脉。

总的来说，这种地形一方面有利于海洋上的湿润气流深入内地，形成降水，另一方面使我国许多大河滚滚东流，沟通了东西交通，方便了沿海和内地的经济联系。

水系篇

中国地域宽广，气候和地形差异极大，按照河流、湖泊的最终流向来划分，中国大致有四大水系：太平洋水系（也是主要水系，珠江、长江、黄河、淮河、辽河、海河和松花江七大水系及台湾的河流都属于太平洋水系）、印度洋水系（西南部部分区域主要有雅鲁藏布江）、内陆独立水系（西部部分地区，主要有塔里木河）、北冰洋水系（西北部部分地区主要有额尔齐斯河）。

政区划分篇

政区是国家为了方便进行行政管理而分级划分的区域。中国现行的行政区划分为四级：第一级为省、自治区、直辖市，与之平级的是两个特别行政区（香港和澳门）。第二级为地区、盟、自治州、地级市；第三级为县、自治县、旗、自治旗、县级市等；第四级为乡、民族乡、镇。中国现有34个省级行政区，包括23个省、5个自治区、4个直辖市、2个特别行政区。

民族构成篇

我国人口分布受自然环境因素和经济发展条件差异影响，以黑河—腾冲一线为分界线，东南人口多，西北人口少。历史上多次的人口迁移和民族融合使我国形成了大杂居、小聚居、交错杂居的民族特点，在人口数量上，汉族人口占绝大多数，其余55个民族人数占比小，但56个民族都是中华民族的重要组成部分。

邻国篇

中国边境紧挨着许多国家，它们都是我们的邻国。我国陆地上的邻国总共有14个：东部邻国有朝鲜；北部邻国有蒙古、俄罗斯；西部邻国有哈萨克斯坦、吉尔吉斯斯坦、塔吉克斯坦、阿富汗和巴基斯坦；西南部邻国有印度、尼泊尔和不丹；南部邻国有缅甸、老挝和越南。海上邻国有韩国、日本、菲律宾、印尼、马来西亚、新加坡和文莱达鲁萨兰国。

第十五章

神奇的生物

生命起源于什么？这是一代代地球人所探寻的终极问题，这一问题至今为止还没有一个明确的答案。神秘的生命种子在地球上茁壮成长，演化为形形色色的生命，这些生命给蔚蓝色的星球带来了无限生机。

68. 所有的生命体都是生物吗?

生命体和生物不是同一个概念。生命体是指能接受外界刺激、做出相应反应，有生命形态的独立个体，是能够自发进行繁殖的自我体系。而生物是具有动能的生命体，具有遗传和变异的特性，在自然条件下，能与外界的环境互相依赖、互相促进，能够排出体内无用的物质。如病毒是生物而不是生命体，因为病毒需要寄生在宿主体内复制而不能自发繁殖。

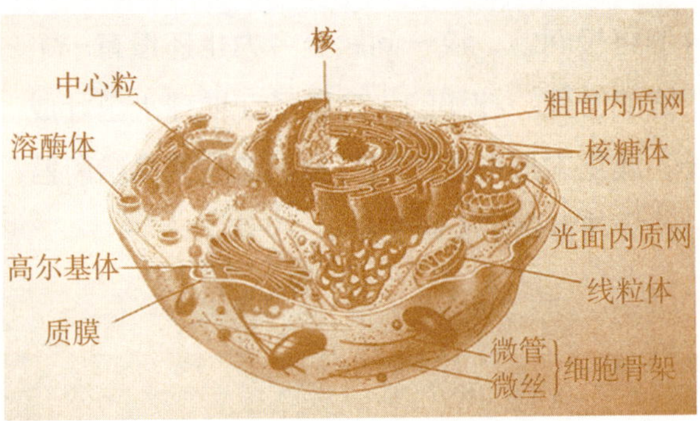

细胞结构模式图

生物由原核生物、真核生物及非细胞生物组成，包括动物、植物、细菌、真菌、病毒等，其特征是可以进行新陈代谢。生物的分类等级包括界、门、纲、目、科、属、种，每个等级都能插入一个亚级，生物的相同科、目越多，共同点也越多。

主要由细胞核与细胞质构成的细胞是生物体结构和功能的基本单位，也是最基本的生命系统。它的表面有细胞膜。高等植物细胞膜外有细胞壁，细胞壁中常有质体，同时具有叶绿体和液泡，线粒体等细胞组织也是高等植物细胞的特征之一。在动物细胞内不存在细胞壁，细胞质中含有中心体，这在高等植物细胞中是见不到的。

细胞有运动、营养和繁殖等机能，是生命体的基本单位，现今也被用来比喻事物的基本构成部分，这也可以看出细胞的重要性。

69. 生物可分为哪几种?

按照形态结构，生物可分为动物、植物、其他生物。

动物，一般是指以有机物为食，能感觉，可运动或能够活动之物。动物界所有成员的身体都是由细胞组成的异养有机体。科学家们根据自然界动物的形态、身体内部构造、胚胎发育的特点、生理习性、生活的地理环境等特征，进行综合研究，将特征相同或相似的动物归为一类，将现存的人类已知的动物分为以原生动物、软体动物为例的无脊椎动物和以两栖动物、爬行动物为例的脊椎动物两大类。

人们将行固着生活和自养的生物称为植物。据估计，现存大约有350000个植物物种，可分为种子植物、苔藓植物、蕨类植物和藻类植物几大类。

按六界分类，除动物和植物外，其他生物包括病毒、原核生物、原生生物、真菌。

病毒是一种没有细胞结构的特殊生物。它们的结构非常简单，由蛋白质外壳和内部的遗传物质组成。病毒不能独立生存，必须生活在其他生物的细胞内，一旦离开活细胞就无任何生命活动迹象。

人们常说的细菌是指狭义的细菌，即为原核微生物的一类，是一类形状细短，结构简单，多以二分裂方式进行繁殖的原核生物，是在自然界分布最广、个体数量最多的有机体，是大自然物质循环的主要参与者。细菌和真菌在自然界中有三大作用：作为分解者参与物质循环，引起动植物和人患病，与动植物共生。

70.什么是物种进化?

在地球46亿年的漫长历史中，从细菌到单细胞，再到复杂生命，离不开物种进化。在生物的繁殖过程中发生着基因复制，基因的复制过程中可能会发生突变，产生新的性状。因为环境等诸多因素的影响，有的基因不再适应种族的发展需要，在种族中逐渐减少甚至消失，这就是一个进化的过程。

“物竞天择，适者生存”，本质就是物种的进化。地球上现有的物种都是由早期物种进化而来的。在地球形成的初期，原始海洋富有有机物，成了“生命的摇篮”。地球上最早的生物应当是蓝藻，它们的化石能够追溯到35亿年前，它们进化出光合作用的特性，制造大量的氧气，地球上开始进化出一些具有真正细胞核的真核生物。

人类则是从灵长类经过漫长进化而来的，起源于森林古猿，经历了猿类人、原始人类、智人类和现代人类四个阶段。现在人类依然在不断地进化，未来的某一天，现代人类或许也将成为人类的一个历史阶段。

71.光合作用对人类的生活有什么作用?

光合作用通常是指绿色植物（包括藻类）吸收光能，将二氧化碳（CO_2）和水（H_2O）合成富能有机物，同时释放氧气的过程。

植物发生光合作用的主要场所是叶绿体，叶绿体是世界上成本最低、创造物质财富最多的生物工厂。

光合作用的过程：光反应阶段——光合作用第一个阶段中的化学反

应，必须有光能才能进行，这个阶段叫作光反应阶段。光反应发生在类囊体薄膜，因为与此有关的酶分布在这里；暗反应阶段——光合作用第二个阶段中的化学反应，没有光能也可以进行，这个阶段叫作暗反应阶段，暗反应发生在叶绿体基质，因为与此有关的酶分布在这里。光反应阶段和暗反应阶段是一个整体，在光合作用的过程中，二者是紧密联系、缺一不可的。

光合作用对整个生物界产生了巨大作用：一是将无机物转变成有机物。每年约合成5×10^{11}吨有机物，可直接或间接作为人类或动物界的食物。二是将光能转变成化学能，绿色植物在同化二氧化碳的过程中，将太阳光能转变为化学能，并蓄积在形成的有机化合物中，人类所利用的能源，如煤炭、天然气、木材等都是现在或过去的植物通过光合作用形成的。三是维持大气中氧气和二氧化碳的相对平衡。在地球上，由于生物呼吸和燃烧,每年约消耗3.15×10^{11}吨氧气，以这样的速度计算，大气层中所含的氧气将在3000年后耗尽。然而，绿色植物在吸收二氧化碳的同时每年也释放出5.35×10^{11}吨氧气，所以大气中的氧气含量仍然维持在21%。

由此可见，光合作用与人类的生活息息相关。

72.各种生物之间是如何相互联系的？

生物通过生物链相互联系和制约，与非生物环境共同组成生态环境。

老子说“万物生生相克”，每种物种都有自己的天敌存在，在自然的条件下相互捕食，形成食物链，使每一种种群都维持一定的数量，这被称为生态平衡。如果人为破坏其中一种种群，使其数量减少或灭绝，生态就会失去平衡。例如狼和羊的关系，如果羊多了，那么狼的数量也会增加，狼的数量增加后，羊的数量必然下降，随之狼的数量也会下降。野生动物不仅是一种自然资源，更是重要的生态资源，是自然生态系统中不可替代的重要组成部分。保护野生动物，对于保护生物多样性，维护生态平衡，促进可持续发展，以及预防和控制疫病传播、保护人类身体健康具有十分重要的意义。

73.孩子为什么会长得像父母?

子女的一些特点如身材、五官等与父母有相似之处，但子女和父母却又不会完全一样。这是怎么回事呢?

任何胚胎都是由一个精子和一个卵子结合而成的。每个精子只含23条染色体，携带的是父亲的遗传物质；每个卵子也含23条染色体，携带的是母亲的遗传物质。卵子与精子结合形成的受精卵具有46条染色体，一半来自父亲，一半来自母亲。因为染色体是遗传物质的载体，每条染色体上有多达2000个以上的基因。人体约有5万多个结构基因，带着人体各种性状的基因分别来自父母亲，所以儿女会长得像父母亲。但基因这么多，配成不同的染色体结构，所以儿女与父母不完全一样，形成了既像父母又有自己特点的新的个体。

74.什么是生物多样性?

生物多样性，就是生物及其生存环境的多样性。确切地说，生物多样性包括地球上所有的植物、动物和微生物及其所拥有的全部基因和各种各样的生态系统。生物多样性反映了地球生物体的数量、种类和差异，这些特性在不同的时空又会发生变化。生物多样性包括物种内部（遗传多样性）的多样性、物种之间（物种多样性）的多样性，还包括生态系统之间

（生态系统多样性）的多样性。

生物多样性是人类社会赖以生存和发展的基础。人们的衣、食、住、行及物质文化生活的许多方面都与生物多样性的维持密切相关。

生物多样性为人们提供了食物、纤维、木材、药材和多种工业原料。

生物多样性还在保持土壤肥力、保证水质以及调节气候等方面发挥着重要作用。

生物多样性在大气层成分、地球表面温度、地表沉积层氧化还原电位以及pH值等方面的调控方面发挥着重要作用。

生物多样性的维持，有益于一些珍稀濒危物种的保存。

第十六章
人体的奥秘

人体是一个统一的有机整体，由运动系统、神经系统等八大系统及各个系统所支配的一个个器官构成，这些系统、器官协调配合，构成复杂而精密的人体，使人体内各种复杂的生命活动能够正常进行。

75.人体有哪些器官及系统?

从外形上看，人体可以分为三大部分：头部、四肢和躯干。

头部的器官是人的五官：眼、鼻、耳、口、眉，还有身体的中枢总指挥——大脑；人的上肢下肢左右各两肢，称为四肢；在现代医学中，将躯干分为上、下两个腔洞：胸腔和腹腔，中间由横膈膜分开。上面的胸腔中有心脏、肺脏、食道、气管支气管和大动脉，胸腔在中间有一个纵隔腔，除了肺脏外，其他脏器都在纵隔腔中，而下面的腹腔中有胃、肝脏、胆囊、胰脏、小肠、大肠、肾脏、膀胱、输尿管、脾脏等。

人体的各个器官的功能各异，但相互协调，共同合作，维持人体的生命状态。

心脏推动血液流动，向器官、组织提供充足的血流量，以供应氧和各种营养物质，并带走代谢的终产物（如二氧化碳、尿素和尿酸等），使细胞维持正常的功能。

肝脏是人体内最大的器官，执行解毒、代谢、分泌胆汁、免疫防御等多项生理功能。

肺是人体的呼吸器官，与鼻咽喉气管、支气管等共同构成人体的呼吸系统，执行着人体与外界进行气体交换的功能。

胃是食物的储运场和加工厂，是食物消化的主要器官。胃能分泌大量强酸性的胃液，胃液中含有分解食物中的蛋白质的胃蛋白酶，以及促进蛋白质消化的盐酸和具有保护胃黏膜不被自身消化的黏液。经过口腔粗加工后的食物进入胃，经过胃的蠕动搅拌和混合，加上胃内消化液里大量酶的作用，最后使食物变成粥状的混合物，有利于肠道的消化和吸收。所以胃是食物的加工厂，是食物最后消化吸收的前站。

肾脏是泌尿系统的一部分，负责过滤血液中的杂质，维持体液和电解质的平衡，最后产生尿液经尿道排出体外；同时也具备内分泌的功能以调节血压。

由各个器官按照一定的顺序排列在一起，完成一项或多项生理活动的结构叫系统。人体共有八大系统：运动系统、神经系统、内分泌系统、血液循环系统、呼吸系统、消化系统、泌尿系统、生殖系统。

运动系统由骨、关节和骨骼肌三种器官组成。在神经支配下，肌肉收缩，牵拉其所附着的骨，以可动的骨连结为枢纽，产生杠杆运动。运动系统主要的功能是运动，简单的移位和高级活动如语言、书写等。运动系统的第二个功能是支持。构成人体基本形态——头、颈、胸、腹、四肢，维持体姿。运动系统的第三个功能是保护。由骨、骨连接和骨骼肌形成了多个体腔——颅腔、胸腔、腹腔和盆腔，保护脏器。

神经系统是机体内对生理功能活动的调节起主导作用的系统，主要由神经组织组成，分为中枢神经系统和周围神经系统两大部分。

消化系统由消化道和消化腺两大部分组成。消化系统的基本生理功能是摄取、转运、消化食物和吸收营养、排泄废物，这些生理的完成有利于整个胃肠道协调的生理活动。

血液循环系统是血液在体内流动的通道，由血液、血管和心脏组成。一般所说的循环系统指的是心血管系统。由心脏不停的跳动，提供动力推动血液在其中循环流动，为机体的各种细胞提供赖以生存的物质，包括营养物质和氧气，也带走了细胞代谢的产物二氧化碳和废物。同时许多激素及其他信息物质也通过血液的运输得以到达其他器官，以此协调整个机体的功能。维持血液循环系统于良好的工作状态，是机体得以生存的条件，其作用对于身体不容小觑。

内分泌系统是指由内分泌腺和分布于全身各组织中的激素分泌细胞以

及它们所分泌的激素组成的系统。其功能是辅助神经系统将体液性信息物质传递到全身各细胞组织，发挥其对细胞的生物作用。

呼吸系统顾名思义是人体与外界空气进行气体交换的一系列器官的总称。其功能是吸入新鲜空气，通过肺泡内的气体交换，使血液得到氧并排出二氧化碳，从而维持人体的正常新陈代谢。

泌尿系统由肾脏、输尿管、膀胱及尿道组成。其主要功能为排泄。

生殖系统是繁殖后代、延续种族器官的总称。生殖系统的器官，男女有别，但按其功能均由生殖腺、生殖管道和附属器官等组成。生殖器官通过其各种活动、受精、妊娠等生理过程，起到繁衍后代的作用。

76.健康知识知多少?

当人们生病，医生进行检查时经常提到这么几个词：体温、心率、血压。

那医生是如何通过这三项指标来判定我们的身体是否健康呢?

人的体温正常值为口腔舌下温度37℃（范围36.3～37.2℃），直肠温度37.5℃（比口腔温度高0.3～0.5℃），腋下温度36.0℃（范围36.0～37.0℃）。正常体温的标准是根据多数人的数值计算得出，但并不绝对。

人的正常血压值一般是120/80 mmHg，高压正常值是90～140 mmHg，低压正常值是60～90 mmHg，压差20～60 mmHg，40mmHg左右为好。

正常成年人安静时的心率有显著的个体差异，平均在75次/分左右（60～100次/分之间）。心率可因年龄、性别及其他生理情况而不同。初生儿的心率很快，可达130次/分以上。

医生可以通过体温、心率、血压的阈值来对人们的身体状况进行简单的判断。

人体中藏着许多小秘密，血液也有不同的类型，人类现在的血型分类就至少有ABO血型、Rh血型、HLA血型等多种血型系统。通常所说的血型就是指红细胞的血型，是根据红细胞表面的抗原特异性来确定的。已知人类的红细胞有15个主要血型系统，其中最主要的是ABO血型系统，其次为Rh血型系统。根据人体血液中所含凝集原和凝集素的类型不同，可分为A、B、AB、O四种血型。血型是遗传决定的，亲代与子代的血型关系取决于遗传因素，如双亲都是O型，子代也是O型，亲代是O型或AB型，则子代为A型或B型。子代与母亲血型不合可引起新生儿溶血病。另外，目前还发现有一些稀有血型，如RH、MNSSU、P、KELL、KIDD、LUTHERAN、DEIGO、LEWIS、DUFFY以及其他一系列稀有血型系统。

77.我们的发育过程是怎样的?

呱呱落地、蹒跚学步、牙牙学语，不知不觉中，男孩变得雄伟挺拔，女孩变得亭亭玉立。那我们的成长在不知不觉中经历了哪些阶段呢?

婴儿期：出生后到满1周岁为婴儿期，又称乳儿期。这个时期是小儿出生后生长发育最迅速的时期，因此需要摄入的热量和营养素尤其是蛋白质特别高。主要从乳类获得营养，体格生长迅速，一年中身高比出生时增加约50%，体重增加约2倍，脑发育也很快。1周岁时，动作水平已达到能坐、会爬并开始学走。粗动作发育过程可归纳为“二抬四翻六会坐，七滚八爬周会走”。

幼儿期：1周岁后到满3周岁之前为幼儿期。这个时期发育速度较前缓慢，尤其在体格发育方面。此期前囟闭合，乳牙出齐。神经系统发育开始减慢，脑的大小已达到成人的80%。活动范围渐广，接触周围事物较多，智能发育较前突出，语言、思维和应人应物的能力增强。

学龄期：从入小学起（6～7岁）到青春期开始（女12岁，男13岁）之前称学龄期。这个时期体格发育仍稳步增长，除生殖系统外其他器官的发育到本期末已接近成人水平。脑的形态已基本与成人相同，智能发育较前更成熟，控制、理解、分析、综合能力增强。淋巴系统的发育处于高潮。一般儿童到12岁时，乳牙已全部脱落，长出除第三磨牙外的全部恒牙。

青春期：女孩从11～12岁开始到17～18岁，男孩从13～14岁开始到18～20岁称青春期，但个体差异较大，有时可相差2～4岁。这个时期特点为生长发育在性激素作用下明显加快，体重、身高增长幅度加大，第二性征逐渐明显，生殖器官迅速发育并趋向成熟。按发育特点青春期又分为青春前期：指女孩月经初潮或男孩首次遗精出现前的生长发育剧烈增长阶段，一般持续2～3年。青春中期：指第二性征发育开始后的3～4年，也称性征发育期。这个时期以性征发育为特点。青春后期：指第二性征发育至成人，到体格发育停止这一阶段。一般持续约3年。青春期是个体由儿童向成年人过渡的时期。通常人们把青春期与儿童期加以明显区分，区分的界限是性的成熟。对于男性来说，性成熟的标志是射精（通常在夜间睡眠时射精，即遗精，但也有手淫射精的）；女性是月经初潮，即第一次来月经。性征系区别男女性别特征的一些标志，主要包括男性的阴毛、腋毛、胡须、变音、喉结；女性的乳房、阴毛、腋毛等。男性的急速成长从10.5～14.5岁开始，在14.5～15.5岁达到顶峰期，以后逐渐减慢，到18岁左右时身高便达到充分发育水平，体重、肌肉力量、肩宽、骨盆宽等也都增加，与此同时性机能和第二性征也发育成熟。女性在月经及第二性征这些外部变化的同时生殖器官也逐渐成熟，外阴开始出现阴毛，阴道内分泌物开始增多，子宫发育变大，卵巢皮质中的卵泡开始有了不同阶段的发育变化。一切都表明已开始向性成熟期过渡。

78.什么是个体差异性?

个体差异性是指个体在成长过程中受遗传和环境的交互影响，使个体在身心特征上显示出的彼此各不相同的现象。对于人体来说，最显著的差异性就是性别差异。

首先，男女的生理结构不同，会使男女的身体状况存在性别差异。在医院里，有单独为女性患者专门诊治的科室——妇科，同样也有专门为男性患者服务的科室——男科。

另外，体重、生活习惯、年龄都是影响人们身体状况的重要因素。肥胖的人易患心脑血管疾病、肝病等，而体重在短期内骤降，也能反映身体可能存在的一些问题；不良的生活习惯也会影响身体状况，抽烟、喝酒、熬夜是年轻人生活中普遍存在的现象，而这些生活习惯也会使身体处于亚健康状态。抽烟伤肺，酗酒伤肝，熬夜不仅伤肝，而且也会影响到个人的生活状态，长期熬夜会造成头昏脑涨、记忆力减退、注意力不集中、反应迟钝等问题。随着年龄的增长，身体器官会慢慢老化，生理机能会慢慢退化，免疫力也会大不如前。

第十七章
常见疾病与安全用药

日常感冒发烧怎么办？被宠物抓伤怎么办？什么是“艾滋病”？“职业病”和心理疾病又是什么……

正确认识各类疾病，并在生活中对一些疾病的发生做好预防和力所能及的自我诊疗，合理使用各种药物，能给我们的健康生活带来更多保障。

79.我们应当对疾病采取什么态度?

预防为主。以肠胃疾病为例，几乎每个人都有过或轻或重的肠胃疾病，轻到拉肚子，重到腹泻脱水、溃疡、痉挛。这些疾病一般与日常饮食习惯有关。比如，饮食不规律，可导致胃酸分泌不规律，容易得胃溃疡。吃了不干净的食物，导致微生物感染肠道而引起腹泻等。预防此类疾病，需要注意日常饮食规律和卫生。平时少吃辛辣刺激的食物，减少对胃的刺激。对于其他疾病也应如此，了解病因，提前做好预防，不要“明知故犯”。

及时就医。胃上的神经较少，对刺激相对不敏感，故而只有较强的刺激人们才会感觉到胃痛，而且肠胃疾病一般容易反复。如果出现肠胃痛，要有及时就医的意识，在医院通过胃镜等检查手断确定胃痛原因，再对症下药。切不可盲目吃药，耽误了治疗的最佳时机。

及时就医非常重要，有时一些病症的恶化就是因为没有及时就医引起的。

80.艾滋病是什么?

艾滋病的学名是获得性免疫缺陷综合征，由艾滋病病毒（HIV病毒）引起。HIV攻击人体的免疫系统，大量攻击免疫细胞，使人体丧失细胞免疫功能。人体丧失免疫功能，容易感染各种疾病，引发恶性肿瘤，因而艾滋病患者往往死于其他的并发症。HIV在人体内潜伏期为10年左右，在此期间感染者可以像健康人一样工作生活。艾滋病主要通过血液、体液和母婴三种途径传播，至今尚未研制出根治艾滋病的特效药物，也还没有可用于预防的有效疫苗，但是在高危行为（职业暴露等）后，服用艾滋病阻断药能够有效降低被感染的风险，有效的阻断时机为高危行为后的72小时内。当然，艾滋病阻断药是万不得已时最后的挽救手段，预防艾滋病还是要靠平时洁身自爱，避免高危行为。

包括艾滋病在内，流行性感冒、肺结核病都属于常见传染病。而高血压、糖尿病等属于慢性病。像脑梗死和心肌梗死都属于突发性疾病。

在日常生活中，人们应加强对疾病的了解，学习预防和急救措施，降低患病的概率。

81.宠物一定要打疫苗吗?

随着人们生活水平的提高，养宠物成为很多人的生活乐趣。但是由于陈旧观念并未改变，许多人依然采用中国农村散养猫、狗的方式，并不注重宠物防疫。很多时候，动物没有表现出症状，不代表没有携带病毒。例如携带狂犬病毒的猫、狗在未发病时，表现和正常猫、狗是一样的，如果携带狂犬病毒的猫、狗将人类咬伤，病毒将随着猫狗唾液经伤口传播至人体内。由于目前对狂犬病的治疗暂时没有有效手段，人类发病后的死亡率近乎100%。为了生命安全，狂犬病的预防不容忽视。除了在被咬后及时注射疫苗，给宠物注射疫苗也是一种重要防治途径。这样除了预防狂犬病的传播，还能保护宠物免受烈性特别是致死性传染病的侵害。

还有容易被人们忽视的蚊虫叮咬，也存在着安全隐患。有些蚊子本身毒性较强，再加上叮咬部位比较特殊，比如在面部淋巴管较多的地方，一旦被叮咬，就可能出现整张脸的肿胀。我们应当注重场所和自身卫生，积极预防蚊虫叮咬。

预防疾病的传播，除了要注重自身及家庭的卫生外，对于公共卫生防疫和检测措施也应当有所了解。污水和粪便处理以及上文所提到的动物检疫都是十分重要的预防措施。

82.什么是“煤工尘肺”？

“煤工尘肺”是煤矿工人长期吸入生产环境中粉尘所引起的肺部病变的总称，多见于采煤工、选煤工、煤炭装卸工。早期煤工尘肺患者多半没有临床症状，随着患者年龄的增长及尘肺病变的进展，逐渐出现呼吸道的症状，如咳嗽、咳痰、胸闷、气短等。晚期煤工尘肺患者咳嗽、咳痰症状较常见，症状程度亦较重，咳出的多半是黑色黏液状痰。有肺部感染时，上述症状明显加重，甚至影响患者的日常生活。煤工尘肺作为职业病的一种，因其对健康损害之大引起了人们的重视。

对于其他职业病，我们也应当有所了解，做好防控。

《中华人民共和国职业病防治法》规定：职业病是指企业、事业单位和个体经济组织等用人单位的劳动者在职业活动中，因接触粉尘、放射性物质和其他有毒、有害物质等因素而引起的疾病。值得一提的是，并非所有在劳作中染上的疾病都是职业病，职业病的确定需要法定机构的确诊。引起职业病的因素主要有粉尘类、化学类（重金属、有毒物质）、放射性类、物理因素（如高温、高气压）、生物因素（如炭疽）几种，这些因素容易导致职业性尘肺病、职业性化学中毒、职业性皮肤病等诸多疾病。职业病危害广大劳动者的身体健康和生命安全，防治职业病的工作不容忽视。

83.什么是抑郁症？

抑郁症又称抑郁障碍，以显著而持久的心境低落为主要临床特征，是心境障碍的主要类型。临床可见心境低落与其处境不相称，情绪的消沉可以从闷闷不乐到悲痛欲绝、自卑抑郁，甚至悲观厌世，可有自杀企图或行为；甚至发生木僵；部分病例有明显的焦虑和运动性激越；严重者可出现幻觉、妄想等精神病性症状。

抑郁症是世界第四大疾病，预计到2020年将成为第二大疾病。我国对抑郁症的医疗防治还处在识别率低的阶段，以至于有些抑郁症患者不能及时了解自己的情况而采取错误的治疗方式，因此，我们应当充分了解抑郁症及其防治措施。

应保持良好心情、多做运动、多与人沟通来避免抑郁症的出现。如果确定患有抑郁症，也千万不要自责，不要伤害自己，积极配合治疗。如果我们身边有抑郁症患者，应当尊重理解他们，不要带给他们压力。

84.如何正确使用体温计?

使用体温计腋下测量体温时，应该首先将体温计的水银汞柱甩到35℃以下，然后再将体温计有水银的头端夹在腋窝深处，夹紧了，5～10分钟读数即可。如果不甩的话，当腋窝温度高于体温计标示的温度时，水银汞柱就会继续升高，反之，水银汞柱就会不动，也就是标示测量前的温度。人体正常体温在36～37℃（腋窝），超出这个范围就是发热，38℃以下是低热，39℃以上是高热。

注意事项：腋下如有汗液，须干后再量；若测量时间未到，就松开腋下，则需重新测量，时间需重新计算；喝热饮、剧烈运动、情绪激动及洗澡需待30分钟后再测量。

随着生活水平的日益提高，人们对于自己的健康状况也越来越重视，不少人会购置家用医疗器具。有些是简单易操作的，比如体温计、体重计、血压仪；还有些操作比较复杂的，如充气式颈椎治疗器、中频理疗仪等。医疗器具的使用有着明确规定，尤其是那些治疗类的产品有着很严格的适应证范围。使用家用医疗器具前，需掌握家用医疗器具的医疗用途、适用范围、注意事项和禁忌证。使用时，需采用正确的方式方法，注意其误差范围。使用后，要做好清理和保管工作，避免器具损坏。

85.处方药和非处方药有什么区别?

处方药就是必须凭执业医师或执业助理医师处方才可调配、购买和使用的药品。处方药适应证大多是一些复杂而且严重的疾病，患者难以自我判断、自我诊疗。处方药的包装盒、药品外标签、药品说明书上，可清晰看到“凭医生处方销售、购买和使用”的字样。

非处方药在美国又称为柜台发售药品，简称OTC，后成为全球通用俗称。非处方药来源于处方药，一般是经过长期应用、疗效肯定、服用方便、质量稳定、非医疗专业也能安全使用的药物。

非处方药的识别方法：

非处方药包装盒的右上角必须印有国家指定的非处方药专用标识——OTC。

药品包装和使用说明书上醒目印有通用的忠告语，通用的忠告语为“请仔细阅读药品使用说明书并按照说明书使用或在药师指导下购买和使用”。

非处方药分为甲类和乙类两种。甲类非处方药的标识为红色；乙类非处方药的标识为绿色。其中甲类非处方药需在药师的指导下购买和使用。

区分处方药和非处方药是安全用药的重要前提。使用处方药时必须谨遵医嘱，不可擅作主张，更不可通过非法途径取得。购买非处方药时，要了解药品的功效、使用方法及副作用，尤其要注意自身是否对该药物过敏。

86.吃错药会有什么后果?

药物作为维护人类健康的特殊物品，在研制、生产、销售、使用的各个环节都受到相应法规的严格控制。根据病患获得和使用药品的条件，国家药监局将药品分为处方药和非处方药。如果吃错药，有的可能不会出现什么状况，有的可能会出现十分严重的后果。

我们应谨遵医嘱，仔细阅读说明书，了解药物禁忌以及自己的药物过敏情况。如若不慎吃错药，应立即询问医生。如果已出现不良反应，应及时就医。总而言之，因为药物的特殊性，我们在药物的选择及服用上一定要谨慎小心，对于自己不清楚的状况要及时询问医生，避免出现吃错药的情况。

87.中医还是西医?

中医，一般指以中国汉族劳动人民创造的传统医学为主的医学，也称汉医，是研究人体生理、病理以及疾病的诊断和防治等的一门学科。中医承载着中国古代人民同疾病做斗争的经验和理论知识，是在古代朴素的唯物论和自发的辩证法思想指导下，通过长期医疗实践逐步形成并发展成的医学理论体系。两千多年前，中医专著《黄帝内经》问世，奠定了中医学的基础。时至今日，中国传统医学相关的理论、诊断法、治疗方法等，均可在该书中找到根源。

西医，完整名称应是“近代和现代西方国家的医学”，是近代西方国家的学者们在摒弃古代西医之后，在物理学、化学、生物学、解剖学基础上发展起来的一门全新的医学体系。西医对疾病的治疗主要有西药治疗、手术治疗、激光治疗和化疗等。

中医和西医各有其长处，因此我们不能简单地只选择西医或者只选择中医，而对另一个持否定态度。我们应该明辨它们的优势和不足，结合自身情况，选择更有利于治疗疾病的方法。

西医还是中医，是一个多选题，可为我们提供多一种选择。

88.常见毒品与防止吸毒

根据《中华人民共和国刑法》第357条规定："毒品是指鸦片、海洛因、甲基苯丙胺（冰毒）、吗啡、大麻、可卡因以及国家规定管制的其他能够使人形成瘾癖的麻醉药品和精神药品。"

沾染毒品的诱因很多，因此我们要加大对吸毒的预防。预防吸毒的关键在于自己，只有从我做起，从现在做起，自律自爱，珍惜生命，远离毒品，才能切实保护自己不被毒品危害。我们要不断提高自身的综合素质和能力，构筑起抵御毒品侵袭的铜墙铁壁。

首先，要加强对文化、科学知识和法律知识的学习，提高自己的科学文化素质和道德水平，树立正确的人生观和价值观，摒弃那些腐朽的生活方式，努力培养高尚的道德情操，树立远大的理想。其次，要不断提高自己的心理健康素质，提高自我控制、自我调节平衡能力和抗拒毒品诱惑的能力。要培养自己健康向上的多方面兴趣爱好，参加文明、高雅的文化娱乐活动，丰富自己的精神生活。第三，养成良好的生活习惯，坚决摒弃吸烟、酗酒等恶习。特别是青少年，远离毒品，首先要远离烟酒。

第十八章
良好的生活习惯

一个完美的人生，需要健康的身体作为支柱，而健康的身体往往通过良好的生活习惯培养而形成。因此，良好的生活习惯可以被认为是有利于人类健康的各种生活方面的持续性行为。

这种持续性的生活行为包括很多方面，也渗透到了人类的整个生产生活当中。只要是可以提高人类生活质量水平的日常生活行为，都可以被称为良好的生活习惯。诸如膳食平衡、饮食安全、运动健身、保持个人卫生等，都是典型的良好生活习惯。

89.如何选择平衡膳食？

平衡膳食是指选择多种食材，经过适当搭配做出的膳食，这种膳食能满足人们对能量及各种营养素的需求。一日膳食中食物构成要多样化，各种营养素应品种齐全，包括供能食物，即蛋白质、脂肪及碳水化合物等。

不同种类食物的营养素不同：动物性食物、豆类含优质蛋白质；蔬菜、水果含维生素、矿物盐及微量元素；谷类、薯类和糖类含碳水化合物；食用油含脂肪；肝、奶、蛋含维生素A；肝、瘦肉和动物血含铁。荤素混食，合理搭配，方能供给膳食者必需的热能和各种营养素。

这些营养素之间能相互配合，相互制约。如维生素C能促进铁的吸收；脂肪能促进脂溶性维生素A、维生素D、维生素E、维生素K的吸收；微量元素铜能促进铁在体内的运输和储存；碳水化合物和脂肪能保护蛋白质，减少其消耗；而磷酸、草酸和植酸能影响钙、铁的吸收。因此只有摄入膳食结构合理的混合膳食，才能满足人体对营养的需求。

平衡膳食的条件也很多，最主要的是营养素之间比例应适当。如蛋白质、脂肪、碳水化合物供热比例为1：2.5：4，优质蛋白质应占蛋白质总量的1/2～2/3，动物性蛋白质占1/3。三餐供热比例为早餐占30%左右，中餐占40%左右，晚餐占25%左右，午后点心占5%～10%。当然，我们在选择食物时，应保证食物容易消化吸收，而绝非仅以能量含量高低作为饮食标准。

90.如何鉴别日常食品卫生质量？

《中华人民共和国食品卫生法（试行）》第四条规定：“食品应当无毒、无害，符合应当有的营养要求，具有相应的色、香、味等感官性状。”第七条规定了禁止生产经营的食品，其中第一项为“腐败变质、油脂酸败、霉变、生虫、污秽不洁，混有异物或者其他感官性状异常，可能对人体健康有害的食品”。

这里所说的“感官性状异常”指食品失去了正常的感官性状，而出现的理化性质异常或微生物污染等在感官方面的体现，或者说是食品发生不良改变或污染的外在警示。同样，“感官性状异常”不单单是判定食品感官性状的专用术语，而是作为法律规定的内容和要求严肃地提出来的。

91.如何预防食物中毒？

食物中毒是指食用了被生物性、化学性有毒有害物质污染的食品或将含有毒有害物质当作食物摄入后出现的急性、亚急性食源性疾患。食物中毒分为细菌性食物中毒、化学性食物中毒、动植物性食物中毒。变质食品、污染水源是主要传染源，不洁手、餐具和带菌苍蝇是主要传播途径。

食物中毒的特点是中毒者在相近时间内均食用过某种相同的可疑中毒食物，未食用者不发生中毒，停止食用该食物后，症状很快缓解；潜伏期较短，发病急剧，病程亦较短；一般无人与人之间的直接传染；所有中毒者的临床表现基本相似，一般表现为急性胃肠炎症状，如腹痛、腹泻、呕吐等。

食物中毒预防的措施也较多，大致有：

做好食品卫生监督和食堂卫生，禁止食用病死禽畜肉或其他变质肉类。

冷藏食品应保质、保鲜，动物食品食前应彻底加热煮透，隔餐剩菜食用前也应充分加热。

烹调时要生熟分开，避免交叉污染。

腌腊罐头食品，食前应煮沸6～10分钟。

禁止食用河豚、毒蕈等有毒动植物。

一旦发生中毒事件，应立即对患者进行应急救治，其中最常见和最及时的方法如下：

催吐。如果中毒时间在1～2小时，可使用催吐的方法。立即取食盐20克加开水200毫升溶化，冷却后一次喝下，如果不吐，可多喝几次，迅速促进呕吐。亦可用鲜生姜100克捣碎取汁用200毫升温水冲服。如果吃下去的是变质的荤食，则可服用十滴水来促使迅速呕吐。有的患者还可用筷子、手指或鹅毛等刺激咽喉，引发呕吐。

导泻。如果患者服用食物时间较长，已超过3小时，而且精神较好，则可服用些泻药，促使中毒食物尽快排出体外。一般用大黄30克一次煎服。老年患者可选用元明粉20克，用开水冲服，即可缓泻。体质较好的老年患者，可采用番泻叶15克一次煎服，或用开水冲服，也能达到导泻的目的。

解毒。如果是吃了变质的鱼、虾、蟹等引起食物中毒，可取食醋100毫升加水200毫升，稀释后一次服下。此外，还可用紫苏30克、生甘草10克一次煎服。若是误食了变质的饮料或防腐剂，最好的急救方法是用鲜牛奶或其他含蛋白质的饮料灌服。

92.吸烟和饮酒过量有什么危害?

吸烟的害处很多，它不但吞噬吸烟者的健康和生命，还会污染空气，危害他人。香烟燃烧时释放38种有毒化学物质，其中有害成分主要有焦油、一氧化碳、尼古丁、二噁英和刺激性烟雾等。焦油对口腔、喉部、气管、肺部均有损害。烟草烟雾中的焦油沉积在肺部绒毛上，破坏了绒毛的功能，痰液增加，使支气管发生慢性病变，气管炎、肺气肿、肺心病、肺癌便会产生。

香烟中的一氧化碳使血液中的氧气含量减少，造成相关的高血压等疾病。研究发现，吸烟是产生自由基最快最多的方式，每吸一口烟至少会产生10万个自由基，从而导致癌症。2017年10月27日世界卫生组织国际癌症研究机构公布的致癌物清单初步整理参考中，香烟列在一类致癌物清单中。

吸烟除对于吸烟者自身造成极大伤害，在吸烟过程中产生的烟雾对于其他非吸烟人群造成的危害更是不容小觑。在充分考虑这一因素后，国家计生委在2014年11月24日起草了《公共场所控制吸烟条例（送审稿）》向社会公开征求意见。送审稿明确，所有室内公共场所一律禁止吸烟。此外，体育、健身场馆的室外观众座席、赛场区域，公共交通工具的室外等候区域等也全面禁止吸烟。

与吸烟类似，大量无节制饮酒同样也会给人的健康带来危害。酗酒常使人的正常食欲受到抑制，影响人体从正常饮食中获取营养素。同时酒精加重维生素B_1缺乏症，如神经炎、手足麻痹颤抖。在西方国家，由酒精中毒而导致的神经炎占各种原因引起的神经炎的首位。

酗酒也能使人不同程度地降低甚至丧失自控能力，实施某种有伤风化或违法犯罪的行为。各国犯罪学家都认为酗酒行为有一定的社会危害性，但对危害的严重程度认识不同。

93.运动有益于身体健康吗?

哲学上讲的运动是指宇宙间一切事物、现象的变化和过程。没有不运动的事物，也没有能离开运动的事物。生活中的运动多指一种涉及体力和技巧的由一套规则或习惯所约束的活动，通常具有竞争性。狭义上可以将运动认为体育锻炼。

体育锻炼有利于人体骨骼、肌肉的生长，增强心肺功能，改善血液循环系统、呼吸系统、消化系统的机能，有利于人体的生长发育，提高抗病能力，增强机体对环境的适应能力。体育锻炼是增强体质的最积极、最有效的手段之一。可以降低过早进入衰老期的危险。体育锻炼能改善神经系统的调节功能，提高神经系统对人体活动时错综复杂变化的判断能力，并及时做出准确、迅速的反应；使人体适应内外环境的变化，保持机体生命活动的正常进行。

体育锻炼具有调节人体紧张情绪的作用，能改善生理和心理状态，恢复体力和精力，对上班族来说多运动是再好不过的了；体育锻炼能增进身体健康，使疲劳的身体得到休息，使人精力充沛地投入学习、工作，舒展身心，有助安眠及消除读书带来的压力；体育锻炼可以陶冶情操，保持健康的心态，充分发挥个体的积极性、创造性和主动性，从而提高自信心，使个性在融洽的氛围中获得健康、和谐的发展；体育锻炼中的集体项目与竞赛活动可以培养人们的团结、协作及集体主义精神。

94.如何养成爱牙护眼的好习惯？

爱护牙齿：现代牙科学所谓的牙齿，是指人和动物嘴中具有一定形态的高度钙化的组织，有咀嚼、帮助发音和保持面部外形的功能。牙齿可以说是人类加工食物获取营养的第一道关，牙齿的保健也在一定意义上决定着人类的健康水平。那么，我们如何进行护牙运动呢？

早晚刷牙。除了洗刷牙齿，别忘记清洁牙龈——利用牙刷或手指轻轻按刷牙肉来清洁。

使用漱口水。尤其晚间睡觉前，刷牙后再用漱口水，可以防止细菌肆虐。

使用牙线，细心清洁每一道牙缝。

每半年都应拜访牙医一次，检查牙齿，清除牙垢。

清洁舌头，特别是近喉咙部分。利用牙刷或手指清洗舌头，但要注意，近喉咙部分的舌头特别敏感，不要过度用力洗刷，否则会引起不适，甚至可能弄伤舌头。

经常饮水，有助于冲走口腔内的细菌。

进食含丰富蛋白质的食物后，如奶、肉和鱼等，要清洁口腔。

咀嚼口香糖，有助刺激唾液分泌，冲走口腔内的细菌，但应选择无糖或代糖口香糖。

保护眼睛：作为心灵之窗，人类看世界的最主要器官，眼睛同样需要受到精心的保护，而且这种感知光线的器官十分脆弱，需要借助各类活动予以保护：

每天坚持做眼保健操。

工作中长时间对着电脑，可以每隔一个小时闭眼休息一下，或者站起来看看窗外的绿树。

将电脑背景和页面显示设置成保护视力的颜色。

晚上看电视或使用电脑，尽量开着灯，不要在黑暗中观看屏幕。

尽量不要躺在床上玩手机。

不要在阳光直射下看书，或在光线较暗处看书。

写字的时候，坐姿要端正，不要离书本太近。

95.如何养成良好的作息习惯?

在日常生活中，良好的作息习惯对于保持身体健康十分重要。这其中包括生活习惯，也有工作的合理安排，有动态的行为，也有静态的思维。

我们首先要有时间观念。无论做任何事情一定要有时间概念，不能总觉得时间还早，再拖延一会儿没多大关系，这种认识是错误的。有的人觉得加班可以尽早完成工作。其实如果任务不是很重，完全没必要加班加点。

自己做好作息时间表，有规律的生活才是健康的生活，按时上床，如果真的难以入睡就在床上看会儿书，眼睛疲劳的时候，人是很容易进入梦乡的。

睡觉前一定尽量不去考虑白天发生的事情，特别是容易让人焦虑不安的事情一定不要过多考虑。

保证睡眠质量，当躺下睡不着的时候，可以适当听听轻音乐看看书。

采用自己最喜欢的睡姿，尽量让全身放松。

96.你重视过心理健康吗?

心理健康是指精神、活动正常、心理素质好，大多与遗传（基因）相关。心理健康像身体健康一样，是整个功能的运转比较正常的状态。心理健康重在社交、生产、生活上能与其他人保持较好的沟通或配合，能良好地处理生活中发生的各种情况。

心理健康主要有以下几个方面的表现：首先是被测者的情绪稳定，其次是认知合理，与周围的环境相协调，第三是遇到挫折与打击能积极面对，第四是睡眠正常。

随着社会竞争越来越激烈，不少人由于各种压力导致心理失调，随即产生各种各样的心理疾病和心理疾病带来的社会群体性问题，甚至导致一些报复社会性的恶劣刑事案件。

很多人对于自己是否有心理疾病缺乏一个较初级的判断或了解。一般而言，判定心理健康的标准有十条：

具有充分的适应力；

能充分地了解自己，并对自己的能力做出适当的评价；

生活的目标切合实际；

不脱离现实环境；

能保持人格的完整与和谐；

善于从经验中学习；

能保持良好的人际关系；

能适度地发泄自己的情绪和控制自己的情绪；

在不违背集体利益的前提下，能够有限度地发挥个性；

在不违背社会规范的前提下，能够恰当地满足个人的基本需求。

当测出自己的心理状况在当前并未处于一个正常稳定状态后，也无须过虑，除部分极度严重的心理问题需要及时就医外，不严重的心理问题大可通过其他途径进行自我调节：

优化现实环境，减少不良刺激；

加强心理修养，提高心理素质；

接受心理教育，学会心理调适；

主动向人求助，及时缓解心病。

第十九章
安全出行基本知识

行，是人们生活中最基本的需求，当我们准备出门的时候，就必须掌握基本的出行安全知识。

一般出行，可以采用个人交通工具或公共交通工具。如果使用个人交通工具就要牢牢遵守交通规则，若使用公共交通工具，则需要注意礼貌和安全。

随着科技的发展，共享经济日益普及，共享单车、共享汽车、网约车等多样化交通工具进入了大家的生活中，新的出行方式的到来便捷了大家的生活。

让我们一起来学习交通出行安全知识吧！

97.你了解一些基本交通规则吗?

交通规则通常特指中国正在施行的交通管理法律、规章。其目的是为了维护道路交通秩序，预防和减少交通事故，保护人身安全，保护公民、法人和其他组织的财产安全及其他合法权益，提高通行效率。

最常见的交通规则内容有交通信号灯（如红绿灯）、交通标志（如限速标志、停车标志）、交通标线（如人行道、双黄线）以及交通警察的正常执法。

中华人民共和国境内的车辆驾驶人、行人、乘车人以及与道路交通活动有关的单位和个人，都有义务遵守各项交通规则。最基本的交通规则大致如下：

骑自行车应走右侧自行车道。

过马路应走人行道（或天桥、地下通道）；遇红灯止步，见绿灯前行。

乘坐公共汽车应先下后上，勿争先恐后，勿挤逼抢位。

遵守交通规则应成为我们的行为规范。

在人行道内行走，没有人行道的靠路边行走。

横过车行道，须走人行横道。通过有交通信号控制的人行横道，须遵守信号灯的规定；通过没有交通信号控制的人行横道，须注意车辆，不准追逐、猛跑。没有人行横道的，须直行通过，不准在车辆临近时突然横穿。有人行过街天桥或地道的，须走人行过街天桥或地道。

不准穿越、倚坐人行道、车行道和铁路道口的护栏。

不准在道路上扒车、追车、强行拦车和抛物击车。

学龄前儿童在街道或公路上行走，须有成年人带领。

98.你使用过共享单车吗?

共享单车是指企业在校园、地铁站点、公交站点、居民区、商业区、公共服务区等处提供的自行车共享服务，是一种分时租赁模式。

由于其符合低碳出行理念，共享单车已经越来越多地引起人们的注意，在我国的大街小巷，也出现了各种颜色醒目的共享单车。

不同品牌的共享单车一同构成了城市的一道新风景，也为人们的生活带来了切实可见的便利。人们利用手机互联网端，花费五毛钱、一元钱乃至免费，就能解决城市“最后一公里”的出行难题。

随着共享单车力量的不断壮大，我国政府也从宏观角度对此予以调控和指导。2017年5月7日，共享单车专业委员会成立大会在上海召开，宣布成立中国自行车协会共享单车专业委员会。2017年8月3日，交通运输部等十部门联合发布了《关于鼓励和规范互联网租赁自行车发展的指导意见》。

然而，凡事有利必有弊。随着共享单车的推广，问题也层出不穷。很多人在自行车上加私锁，涂抹二维码以变“共享”为“独享”。另外也不乏恶意损毁单车如私拆座椅、脚蹬等现象，这些破损的自行车在部分城市甚至形成了一座座“单车山”。正是由于用户的不文明使用等因素，使得部分小型共享单车企业先后倒闭。虽然各地政府出台相关政策予以保护，但对共享单车的保护还是需要落实到每一个人身上。

文明使用共享单车是我们大家都需要做的事情——从我做起，从身边做起，像爱护公共财物一样爱护共享单车，让它为每个需要的人提供方便。

99.你了解共享汽车吗?

与共享单车类似，共享汽车同样也属于共享经济的范畴，只是对于使用者的要求更高。它要求使用者具备机动车驾驶证，同时部分共享汽车公司还要求使用者需缴纳较高的保证金。

正是相对较高的门槛和成本，共享汽车的投放和运营点主要集中在北京、上海、广州、深圳等大城市。共享汽车的投放也产生了巨大反响，据新华社报道："2018年7月，有数据显示未来5年汽车分时租赁市场将以超过50%的增幅发展。咨询机构罗兰贝格预测，2018年中国租车市场规模将增至650亿元。"

鉴于此，在2017年6月1日，由交通运输部会同住房和城乡建设部制订的《关于促进汽车租赁业健康发展的指导意见（征求意见稿）》面向全社会开展为期两周的意见征求。

在我国，共享汽车仍处于起步阶段，适合我国国情的相关共享汽车运营模式、国家政策尚在制定和完善过程当中，因此我国共享汽车的规模尚小。而且在运营阶段出现的一些问题也使得企业和用户互不信任，这些待解决的问题主要集中在拖延或拒绝退还租车押金，商家赠送的优惠券无法使用，汽车行驶中遇故障、交通事故或交通违章时理赔责任与赔偿金额无法达成一致。

未来，伴随着用户的高品质需求，共享汽车的质量和相关企业所提供的服务质量也将会大大提升。

100.乘坐公交车需要注意什么?

公交车即巴士或大巴，是为专门解决城市和城郊运输而设计及装备的商用车，也是人们最常用的日常交通工具。公交车集准时、环保、便捷于一身，是现代城市交通之中不可缺少的一环。作为现代公民，我们在乘车时应该注意什么呢?

要文明乘车，相互谦让，不要争先恐后拥挤在车门口，防止扒窃分子乘机作案，更不要在车厢内嬉笑打闹，而精力分散易遭扒被窃。

礼貌让座。车上有孕妇、老人、小孩或残疾人时，要及时让座。

上车时，钱包、皮夹不要放在暴露在外的裤子后口袋和西服的下面口袋以及衬衫口袋内，以防犯罪分子有机可乘。

刷卡投币后扶稳再往里走。常乘车的乘客习惯刷卡、投币后往里走，而此时最易滑倒。因为车厢内的胶皮地板沾水后摩擦力很大，当乘客急速大步往里走的时候，正好是车辆启动出站时刻，随车身的晃动脚步不稳更易滑倒。因此，应该扶住横杆、扶手或座椅把手往里走。

注意安全，抓好扶手，以防止刹车转弯时摔倒，拥挤时如果站在门边，当心开关门时被门夹到，不要把头、手伸出窗外。

由于我国多地发生过乘客和公交车司机争吵，乘客殴打司机乃至抢夺方向盘等行为，导致了不同程度的恶劣后果，因此，在乘坐公交车时，阻止他人和公交车司机谈话或争执也应成为每个公民应尽的责任。

第二十章
居家安全与健康

在温馨的家庭中，也潜伏着一些威胁我们生命安全或身体健康的危险因素。例如用电、用气和有害气体。保护自身安全，守护家人健康，对我们的生活同样重要。

101.怎样做到安全用电?

电早已走进千家万户，与大家的生活息息相关。电器和电子产品进入我们的生活，给生活带来了便捷和快乐，但不规范的用电行为，也时刻威胁着我们的生命安全。那么应该如何安全使用电呢?

首先，要将电牢牢地关在电线和用电器之中，不能用身体直接触碰裸露的电线或插座，洗完手在没干的情况下，不要触摸电线和插座。要注意电线和电器的使用年限，及时对家庭线路和电器进行检修，更换老化电线。

其次，在日常生活中，要注意电器的使用功率，在电器的使用中不过载，消除安全隐患。同时，在家庭用电中要装配漏电断路器，它是一种高灵敏的控制电器，与空气开关组装在一起，具有短路、过载、漏电、欠压等保护功能。

最后，还要注意安全用电习惯的养成。在长时间离家或打雷时，要对家用电器及时断电。

102.我们应该如何急救一氧化碳中毒者?

一氧化碳（煤气）中毒，在家庭安全事故中是较为常见的，如果发现有人有一氧化碳中毒的迹象，我们可以在医护人员到来之前或送至医院之前采取下列措施：

迅速把中毒者从煤气污染的地方救出，放在空气新鲜的环境中或通风处。

解开中毒者身体束缚，敞开领子、胸衣，解下裤带，清除口中的异物等。

如中毒者处于昏迷状态，则让其闻氨水，喝浓茶、汽水或咖啡等，不能让其入睡。如中毒者身体发凉，则要用热水袋或摩擦的方法使其回暖。

如中毒者失去知觉，除采取上述措施外，应将中毒者放在平坦处，用纱布擦拭其口腔。在必要时进行人工呼吸。中毒者恢复知觉后要使其保持安静。人工呼吸应持续，不得中途停止，直至送入医院为止。

103.如何去除甲醛?

新装修的房子往往会残留大量甲醛，这个时候是不适合居住的。若想早些入住，就必须采取一些方法去除甲醛，减少有毒气体对人体的伤害。减少甲醛危害的方法主要有三种，分别是通风法，吸附法和化学法。

在具体操作上，通风法是通过室内空气的流通降低室内空气中有害物质的含量，从而降低此类物质对人体的危害。冬天的时候，人们常常紧闭门窗，室内外空气不能流通，这样会使室内空气中甲醛和氮气的含量增加，达到较高的浓度，不利于人们的身体健康。

活性炭是利用吸附法去除甲醛的有效物质，我们生活中用到的活性炭口罩能够利用活性炭的吸附作用达到除臭、去毒的作用；在居家中去除甲醛，只需要在每个房间放两至三袋活性炭，72小时可基本除尽室内甲醛。

化学法去甲醛在居家生活中并不提倡。市面上许多除甲醛的化学喷剂，虽然能够在一定程度上去除甲醛，但在实际生活中容易产生化学喷剂的二次污染，反而不利于我们的身体健康。

104.如何正确使用电冰箱?

电冰箱是家庭必备的好帮手，但冰箱作为一种常用的电器，在日常生活中存在较大的安全隐患，所以在使用冰箱时要了解一些注意事项。

首先，热源要远离冰箱。冰箱工作时需要散发大量热，如果其周围温度很高，会影响冰箱散热，会大大增加耗电量，甚至可能影响冰箱的使用寿命。一般冰箱周围温度每提高5℃，就会增加25%的耗电量。因此，不要把热源靠近或放置在冰箱旁边。

其次，避免与其他家电共用一个插座。家电启动时一般都会产生很大电流，两个家电同时启动时激发的强大电流会让插座难以承受，很容易造成短路，有引发火灾的危险。另外，冰箱和其他电器共用一个插座，两者之间的距离很近，而冰箱在启动和运转时会产生电磁波，影响其他家电的正常工作。因此，冰箱和其他家电不要共用一个插座，除非确定插座能够承受得了瞬间的强电流冲击。

最后，冰箱闲置时间不宜过长。因为闲置时，在温度较高的情况下，其内部的各种管路很容易受到腐蚀，影响其使用寿命。即使不得已闲置一段时间，也要对冰箱做好清洁处理。

第二十一章
农业生产

在日常生活中，我们常听到“开门七件事，柴米油盐酱醋茶”“民以食为天”一类的俗语，这些俗语体现着食物或者说农业生产在人类生产生活中的重要地位和巨大作用。

那么，与农业生产相关的要素有哪些呢？农业生产的相关产品又有哪些？农业生产中又会遇到哪些值得深思的问题呢？

105.如何分辨有机农产品?

随着城市化水平越来越高，很多人，尤其是新生代的孩子对于农业生产的概念极为陌生。草莓是在哪里生长的？黄瓜是土地里的产物吗？韭菜和麦苗有哪些不同？各类蔬菜的区别——这些对于老人而言极为熟悉的常识，却很可能在新生一代中闹出笑话。

有机农产品是纯天然、无污染、高品质、高质量、安全营养的高级食品，也可称为“AA级绿色”。它是根据有机农业原则和有机农产品生产方式及标准生产、加工出来的，并通过有机食品认证机构认证的农产品。经济收入水平提升后，对于自身健康更为关注，因此选择有机农产品作为食物成为许多人的选择。那么，如何选择有机农产品，在这个假货横行的市场上就显得格外重要。

那怎样去辨别“有机农产品”的真伪呢？按照国家的最新规定，有机产品上除了要有“有机产品”的字样外，还要标注其认证机构的标识。这类标志也存在造假的可能性，因此我们可以选择上网去该有机产品的生产机构进行查询，生产机构网站上应明示认证许可证；二是打电话给其认证机构，认证机构有义务告知消费者对该产品是否进行过认证。

我们还可以凭口感来辨别是否为有机农产品。有机蔬菜吃起来鲜脆，会给人不一样的感觉，而非有机蔬菜是没有这种口感的。在超市里，或许仅凭卖相好坏，我们很难判断所购买的产品是否为有机农产品。但部分农产品如果颜色特别鲜艳，卖相特别好，大家应予以怀疑，比如，蘑菇特别白，可能涂过荧光粉；海带特别翠绿，可能添加了一些违禁物品。这类所谓的有机产品，不但不能给人提供所需营养，反而会对人体造成一定伤害。

106.农业活动可以离开土壤吗?

“大地母亲”是我们对承载我们躯体和生活的土地的最崇高的致意。我们所需所用，均是直接或间接来于大地，细说便是土壤。那土壤到底为什么能孕育众多生命呢?

土壤是地球陆地表面一层由各种矿物质、微生物、水分、空气等组成，能生长植物的疏松物质。水、肥、气、热是农作物生长的必要条件，植物生长所需要的养分60%～70%都是从土壤中吸收的，土壤是人类从事农业生产活动的基础。这也是人们为什么常说“大地哺育了生命”。

虽然现在提倡无土栽培、无土种植，但这类技术尚未普及。而且无土栽培技术的各类原料，也很可能是基于大地的养分，因此就目前而言，农业活动总体上还是需要基于土壤，依附于大地。

107.化学产物对于农业生产有何影响?

伴随着地球人口数量的急剧膨胀，为了生存，人类向自然索取食物的频率越来越高，而这种急剧提高的需求是大地原有供给量所不能满足的，于是，提高农产品产量的化学肥料以及其他的化学产品应运而生，以求解燃眉之急。

化肥是用物理或者化学的方法制成的含有一种或几种农作物生长所需要的营养元素的肥料，也称作无机肥料，肥料是由各种不同种类的盐组成，对于农作物的生长确实有帮助作用，对于缓和人地矛盾、人与自然的冲突起到了不可忽视的作用。但化学肥料不属于土壤原有的营养系统，因此，这种强行介入对土地的接受力没有充分地考虑，也就产生了一系列的不良后果。

长期过量使用肥料，大量盐类进入土壤，会增加土壤溶液浓度。在渗透压的作用下作物细胞质的水分渗入溶液，会形成“烧苗”。过量使用化肥还会使水域富营养化，污染水体。

以上所述的现象对人体健康会造成恶劣的影响。

不过也必须承认，即便化肥给人类带来了诸多不利后果，但它的作用仍是不可替代的。或许等到有比化肥更有效且污染更低的产物出现，这种尴尬的场面才会得到缓解。

第二十二章
劳动工具与劳动技能

劳动工具的出现，解放了人类的双手。

1929年，在北京西南周口店的山洞里，我国考古工作者发现了一个完整的远古人类头盖骨化石，这就是名震世界的“北京人”头骨。他们生活在距今约70万年至20万年前，还保留着猿的某些特征，但手脚分工明显，能够制造和使用工具。

北京人将石块敲打成粗糙的石器，将树枝砍成木棒，凭着极原始的工具同大自然进行艰苦的斗争。在险恶的环境里，只靠个人的力量，是难以生存下去的，因此，他们往往几十个人聚在一起，共同劳动，共同分享劳动果实，过着群居生活，这就形成了早期的原始社会。除此之外，北京人已经会使用天然火，还会保存火种。他们用火烧烤食物，驱赶野兽，还用火照明、防寒。火的使用，增强了人类适应自然的能力。使用劳动工具，掌握一定的劳动技能，是人类进化过程中的一大进步。

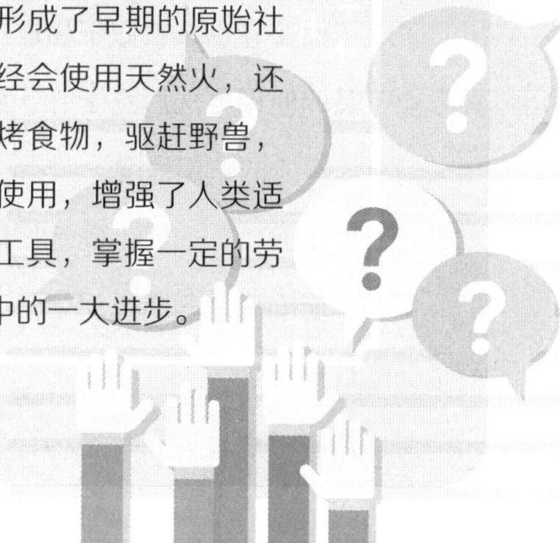

108.如何成为“行业状元”？

“三百六十行，行行出状元”，然而，要成为“行业状元”，就必须充分熟悉并遵循所在行业的生产或服务的技术标准或规范。

如果是从事农业生产，至少要知道农作物的种类，作物的生育期及土壤类型和肥力等农业生产知识，还需要会使用锄头、镰刀或播种机、收割机等农业生产工具。

如果是从事工业生产，那么制造的产品必须符合国家的技术标准。例如，从事食品加工业，使用的食品添加剂和防腐剂的种类和含量必须要在国家监管部门允许范围之内。

如果从事服务业，例如做乘务员，那一定要学会“微笑服务”，如果针对的客户是境外人士，外语的掌握也是必不可少的。

总而言之，要想在各自行业成为领军者，遵循行业中关于生产和服务的技术标准或规范是必需的。

109.应用劳动工具有什么好处？

“君子性非异也，善假于物也”。从事一个行业，就必须对一个行业的专业工具的使用方法烂熟于心，而对工具的掌握程度，也能够直接反映出人们对该行业的熟识程度。

对于电工而言，如何正确地使用电笔是很重要的。电笔是电路维修中的好帮手，能准确地判断电线中是否带电，在便于自身工作的同时也能很好地保障自身安全。

对于消防员而言，在特定场合使用特定的消防设备，这是基本技能。

一般情况下，消防员要对消防防护服的穿戴方法，灭火器的使用方法，各种灭火器的性能和具体用途，以及高压水枪等消防设备的运用烂熟于心。

各行各业的专业劳动工具各不相同，但相同的是，要想在一个行业里崭露头角，必须熟练地运用该行业的专用劳动工具。

110.什么是“工欲善其事，必先利其器”？

“工欲善其事，必先利其器”，意思是说，工匠想要做好他的工作，一定要先让工具锋利。

在参加生产劳动之前，首先要注意生产工具的使用年限，其次是要定期检查劳动工具是否磨损过度，若发现问题要及时保养。

例如，私家车的最大行驶里程是60万公里，达到最大行驶里程后需要强制报废。这是私家车的使用限度。

汽车保养一般来说包括以下几个方面：一是车身漆面保养，二是刹车、制动系统保养，三是底盘保养，四是轮胎保养，五是水路系统保养，六是油路系统保养。如果能够熟练地掌握这些方面的知识，就能够有效地减少汽车磨损，延长车辆的使用寿命，并为行车安全多添了一份保障。

111.如何正确使用试电笔？

试电笔也叫测电笔，简称“电笔”。它是一种电工工具，用来测试电线中是否带电，是电工维修电路时的好帮手。笔体中有一氖泡，测试时如果氖泡发光，说明导线有电或为通路的火线。

试电笔中笔尖、笔尾为金属材料制成，笔杆为绝缘材料制成。使用试电笔之前，首先要检查试电笔里有无安全电阻，再直观检查试电笔是否有损坏，有无受潮或进水，检查合格后才能使用。

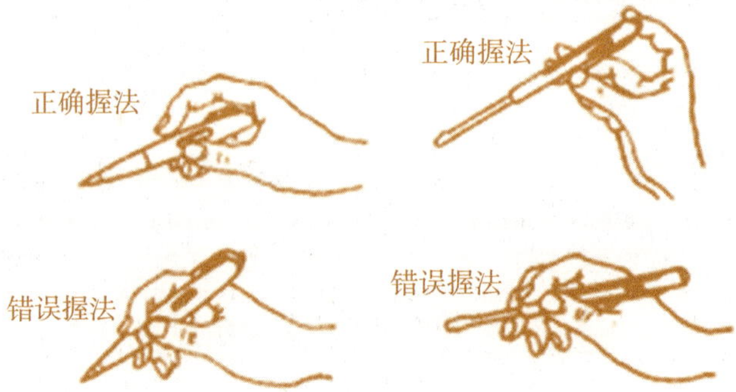

使用试电笔时，不能用手触及试电笔前端的金属探头，这样做会造成人身触电事故。使用试电笔时，一定要用手触及试电笔尾端的金属部分，否则，因带电体、试电笔、人体与大地没有形成回路，试电笔中的氖泡不会发光，造成误判，认为带电体不带电。这是十分危险的。在测量电气设备是否带电之前，先要找一个已知电源测一测试电笔的氖泡能否正常发光，能正常发光，才能使用。在明亮的光线下测试带电体时，应特别注意试电笔的氖泡是否真的发光（或不发光），必要时可用另一只手遮挡光线仔细判别。千万不要造成误判，将氖泡发光判断为不发光，而将有电判断为无电。

112.什么是流水线操作平台?

在中国古代，人们生活产品的来源主要靠自给自足。在一个家庭中，一件衣服从布料的制造到最后的成衣，一个女子即可完成全部的流程。

随着生产力水平的提高，社会分工、职业分化也逐渐形成。发展至今天的现代工厂，为了提高生产效率，诞生了新的生产制造模式，即流水线生产模式。以制衣为例，首先是将制衣流程分解成多个环节，再按照制衣流程的先后顺序，安排工人依次完成相应环节的工作。这样一件衣服的制作就经过了多人之手，各岗位之间分工明确。

流水线操作平台极大地提高了制衣的生产效率和生产质量。

第二十三章
安全意识与安全生产

习近平总书记强调：“人命关天，发展决不能以牺牲人的生命为代价，这必须作为一条不可逾越的红线。”“安全生产大于天”“安全生产再怎么强调都不过分”的观念应该成为各行各业生产者的共识。

无论是企业还是个人，在生产中都应牢固树立安全意识，掌握必备的安全知识，严格遵守安全生产规定，以此来保证劳动生产安全。

113.在生产中如何做到曲突徙薪?

在生产生活中，风险时常存在。应对生产生活中的风险，树立安全生产意识，履行好岗位职责，才能将风险关在笼子里，防患于未然。

以建筑施工队伍为例。在施工队伍入场之前，项目负责人即承担着安全生产的责任，要履行好安全生产的职责。建筑施工队多为露天作业，且砖泥瓦片及大型操作器械极易对人体造成较大伤害。高空坠物、重物滚落伤人等事故较易发生。因此，施工队伍安全责任人要经常性地开展安全教育活动，要求工人进场前戴好安全头盔，穿好防护服，熟练掌握劳动工具，遇到事故及时处理。这样才能降低事故发生概率，保障施工人员的安全。

在生活中，安全意识同样重要。地铁候车时保持安全距离，道路行车时远离煤气罐、液化气罐，远离土方车、水泥罐车，乘坐汽车时系上安全带……这些都是有安全意识的表现，能够有效地降低事故发生的概率或减轻事故造成的危害。

总而言之，亡羊补牢不如曲突徙薪。

114.为什么要严格遵守安全生产规定?

夏日，某地突然刮起一股大风，将正在村民谢某家二楼楼顶绑钢筋的4名农民工吹落楼下，造成3人死亡。目击者舒女士当时也在楼顶绑钢筋。她说，事发当天天气晴朗，温度比较高，在楼顶绑钢筋的10名农民工中，有7名男性3名女性。这时突然刮起一股大风，直接将铺设在楼顶的钢筋网刮起。虽然大风仅持续短短约10秒的时间，但仍有4人从楼顶摔落。随后，钢筋网又瞬间倾倒，将其余几人压在了网下。

经当地政府相关部门调查了解，这是一起意外突发性事故，事故由突然刮起的一股大风造成，致使3死3伤。事故发生时，农民工没有采取安全帽、安全绳等安全防护措施，工头和农民工都是邻村的，没有施工资质，农民工也没有签订劳动合同，打声招呼就去干活了。

试想，如果谢某能够按照安全生产规定，请具有施工资质的工人参与施工，严格按照安全生产的标准，戴好安全帽，系好安全绳，定能减轻这次事故造成的人员伤害。

115.如何安全地逃离火场?

在工作、学习、居住建筑物中，不同程度地存在安全隐患，例如火灾事故、拥挤踩踏事故、水管爆裂事故、电梯等特种设备事故等。其中火灾事故隐患是最隐蔽的，对人的生命安全威胁最大。应对火灾，人们应该怎样做好预警，及时逃生呢?

逃生预演，临危不乱。每个人对自己工作、学习或居住所在的建筑物的结构及逃生路径要做到了然于胸，必要时单位可集中组织应急逃生预演，使大家熟悉建筑物内的消防设施及自救逃生的方法。

熟悉环境，暗记出口。当处在陌生的环境时，如入住酒店、商场购物、进入娱乐场所时，为了自身安全，务必留心疏散通道、安全出口及楼梯方位等，以便关键时刻能尽快逃离现场。

扑灭小火，惠及他人。当发生火灾时，如果发现火势并不大，且尚未对人造成很大威胁，且周围有足够的消防器材，如灭火器、消防栓等，应奋力将小火控制、扑灭。千万不要惊慌失措地乱叫乱窜，置小火于不顾而酿成大灾。

保持镇静，明辨方向。突遇火灾，面对浓烟和烈火，首先要强令自己保持镇静，迅速判断危险地点和安全地点，决定逃生的办法，尽快撤离险地。千万不要盲目地跟从人流和相互拥挤、乱冲乱窜。

简易防护，蒙鼻匍匐。为了防止火场浓烟呛入，可采用毛巾、口罩蒙鼻，匍匐撤离的办法。可向头部、身上浇冷水或用湿毛巾、湿棉被、湿毯子等将头、身裹好，再冲出去。

缓晃轻抛，寻求援助。被烟火围困暂时无法逃离的人员，应尽量待在阳台、窗口等易于被人发现和能避免烟火近身的地方。在白天，可以向窗外晃动鲜艳衣物，或外抛轻晃显眼的东西；在晚上，可用手电筒不停地在窗口闪动或者敲击东西，及时发出有效的求救信号，引起救援者的注意。

火及已身，切勿惊跑。火场上的人如果发现身上着火，千万不可惊跑或用手拍打，因为奔跑或拍打时会形成风势，加速氧气的补充，促旺火势。应赶紧设法脱掉衣服或就地打滚，压灭火苗。能及时跳进水中或让人向身上浇水、喷灭火剂就更有效了。

116.如何正确根据标识认识危险品?

在生产生活中，人们经常会遇到许多危险物质或物品，如何甄别它们，合理地运用它们而不伤害自己是很重要的。以下是各种危险品的分类。

第一类：爆炸物质和物品

第二类：气体

第2.1类 易燃气体 符号（

）：黑色或白色；底色：红色

第2.2类 非易燃，无毒气体 符号（）：黑色或白色；底色：绿色

第2.3类 有毒气体 符号（

）：黑色；底色：白色

第三类：易燃液体

第四类：易燃固体

第4.1类 易燃固体 第4.2类 易自燃物质 第4.3类 遇水放出易燃气体的物质

第五类：氧化剂 第5.1类 氧化剂（物质）第5.2类 有机过氧化物

第六类 第6.1类 有毒物质 第6.2类 感染性物质

第七类：放射性物质 I级——白色 II级——黄色 III级——黄色

第八类：腐蚀性物质

第九类：杂类危险物质和物品

117. 生产中如何预防爆炸?

在一些易发生爆炸事故的化工厂，预防爆炸事故是安全生产工作的重中之重。一般来说，预防爆炸的措施主要有以下几项：

密切监测，当发现空气中的可燃气体、蒸汽或粉尘浓度达到危险值时，就应采取适当的安全防护措施。

在有火灾、爆炸危险的车间内，应尽量避免焊接作业，进行焊接作业的地点必须要与易燃易爆的生产设备保持一定的安全距离。

如需对生产、盛装易燃物料的设备和管道进行动火作业时，应严格执行隔绝、置换、清洗、动火分析等有关规定，确保动火作业的安全。

在有火灾、爆炸危险的场合，汽车、拖拉机的排气管上要安装熄火器。防止烟囱飞火，炉膛内要燃烧充分，烟囱要有足够的高度。

搬挪盛有可燃气体或易燃液体的容器、气瓶时要轻拿轻放，严禁抛掷，防止相互撞击；严格按照交通运输安全规定进行危险品的装载与运输，严禁疲劳驾驶。

进入易燃易爆车间应穿着防静电的工作服，不准穿带钉子的鞋。

对于本身具有自燃能力的油脂、遇空气能自燃的物质以及遇水能燃烧爆炸的物质，应采取隔绝空气、防水、防潮或通风、散热、降温等措施，以防止物质自燃和爆炸。

118.工业生产对环境的污染有哪些?

我国这些年来GDP保持着高速增长，但生态环境也遭受了巨大破坏，一些工业企业对环境的污染时有发生。环境问题日益引起社会的关注。

工业企业对环境的负面影响归结起来大致有五个方面：水污染、大气污染、固体废弃物污染、噪声污染、光污染。

水污染中的污水大多是化工企业排放出来的，污水中含有大量有毒有害的物质，如铅、镉、汞、铜等重金属离子，还有一些有毒且难降解的有机物。这些有毒物质对人们赖以生存的水源造成了严重污染，使人们的饮用水的卫生受到威胁。不仅如此，被污染的水源用来灌溉庄稼，会使有毒物质进入食物链，最终进入人体。

大气污染物主要有二氧化硫、二氧化氮、可吸入颗粒物等。这些有毒气体对人们的身体健康构成了严重威胁。有毒气体极易诱发呼吸道疾病，不同企业排放的不同废气还有可能在大气中发生各种复杂的化学反应，形成更多有毒物质，甚至形成光化学烟雾等，后果十分严重。有些企业为了减轻污染，将烟囱建造得很高，这是治标不治本，因为对环境排放的废气总量是不变的。

部分企业生产所造成的固体废物总量巨大，其来源主要有燃煤所产生的煤渣和化工废渣等。这些固体废物很多都是直接填埋处理，或者堆放于某个地点。固体废物长期堆放不仅占用大量农田，而且其中的有害物质会通过雨水渗入地下，然后通过地表径流污染土壤和水源。固体废物堆放点的土地极可能永久丧失生产能力。

噪声污染也是不容忽视的一种污染。部分企业生产运行时产生的噪声对周围居民的影响很大，尤其是一些企业为了追求更高的生产效率，晚上依然继续生产，其机器设备发出的噪声严重影响周围居民的休息，对人们的生理和心理造成了极大的伤害。

光污染是一种新型污染，同样是因为一些企业为了赶进度或想取得更大的生产效益，在晚上运行时打开了许多照明设施，这些照明设施功率强大，产生的光线亮度极高。这对于附近居民的休息是极为不利的。目前，我国政府颁布了《清洁生产标准》，对企业生产中的环境污染、安全生产、运输等各环节进行监管。

生产企业应积极承担起社会责任，努力做到污染最小化。

第二十四章
事故救援与应急方法

生活中总是有这样那样的意外，有些意外可以避免，却无法让危险真正消失。

我们必须学会正确面对危险，才能在危险来临之际不至于被动。下面介绍一些常见事故的救援知识和急救方法。学会后既能保护自己，也能在需要时保护他人。

119.如何应对火灾现场?

火灾是常见的安全事故，应该怎样逃生或是灭火呢?

发生燃烧必须具备三个基本要素：可燃物，如木材、天然气、石油等；助燃物质，如氧气、氯酸钾等氧化剂；一定温度（也就是燃点），即能引起可燃物质燃烧的热能（点火源）。当这三个要素同时具备并相互作用时就会发生燃烧。因此，可以根据燃烧的要素预防起火，例如，远离可燃物、助燃物，还有远离火源。

那应该如何灭火呢?

由燃烧所必须具备的几个要素可以得知，灭火就是破坏燃烧条件使燃烧反应终止的过程。在生活中我们常用的灭火方法有三种，分别是冷却、窒息、隔离。

在具体操作上，大家都知道水有冷却作用，所以在火场上水是常用的灭火材料，用水或消防水枪将可燃物冷却至燃点以下，可取得灭火的效果。但是在电气火灾未切断电源前不能用水扑救，否则容易发生触电事故；在高温状态下化工设备的火灾不能用水扑救，因为高温设备遇冷水后温度骤降，易变形爆裂；对于硫酸、盐酸、硝酸等引起的火灾不可用水灭火，酸液溅到人的身体上会灼伤人；对于钾、钠、碳化钙等引起的火灾，更不可用水灭火，水会助长火势。

通过降低燃烧物周围的氧气浓度可以起到灭火的作用，可采用湿毛巾、湿棉被、沙土、泡沫等阻燃材料覆盖燃烧物使其缺少氧气而达到窒息灭火。最常用的手段就是用手持式灭火器进行灭火。

隔离或移开火源处或其周围的可燃物，燃烧会因缺少可燃物而停止。通常草原及山林大火，在火场外围挖一条壕沟或者将外网的可燃物先烧掉，也就是通常所说的“以火攻火”是典型的隔离法灭火。

120.如何抢救溺水者?

烈日炎炎的夏天，人们喜欢去河边或泳池游泳，夏季成为溺水事故的高发季节。

若溺水者神志清醒地在水面扑腾，可向水中投抛木板、竹竿等救护器材，以助其游上岸或游上船。若溺水者就在岸边或附近水中，可直接用手去拉，或抛掷衣物等牵拉其上岸。若溺水者已沉入深水底或惊恐万分，抢救者应迅速潜入水中急救，但应防止被溺水者拖入水底。溺水者上岸后，不论清醒与否，都应清除其口、鼻中的泥沙和杂草，同时，应将其脸部侧向一边，以清除呼吸道内的积水，同时避免舌头堵塞呼吸道。若发现溺水者呼吸微弱或停止，应立即进行人工呼吸。若溺水者呼吸正常，应将其俯卧，使腹部提高，头部下垂，以利于排水。若天气较冷，应同时注意溺水者的保暖，以减少并发症的发生。

121.发生有害气体泄漏，应该怎么办?

当有害气体发生泄漏时，紧急情况下，需要用湿手巾、湿口罩、防毒面具保护呼吸道；保护皮肤可用雨衣、手套、雨靴；保护眼睛可用防毒眼镜、游泳潜水镜。合理通风，加速扩散。尽可能切断泄漏源。

高浓度泄漏区，喷含盐酸的雾状水中和、稀释、溶解有害气体，构筑围堤或挖坑收容产生的大量废水，有条件的也可转移到有滤毒通风装置的人防工事内。如来不及撤离，可躲在结构较好的多层建筑物内，堵住明显的缝隙，关闭空调机、通风机电源等，熄灭火种，人员尽可能躲在背风无门窗的地方。

要明确专人引导和护送疏散人员到安全区，并在疏散或撤离的路线上设立哨位，指明方向；要查清是否有人留在污染区内；离开染毒区域后，要脱去污染衣物，及时进行消毒。必要时应到医院检查诊治。

第二十五章
认识自然灾害

自然灾害是什么？自然灾害就是给人类生存带来危害或损害人类生活环境的自然现象，包括干旱、高温、低温、寒潮、洪涝、积涝、山洪、台风、龙卷风、火焰龙卷风、冰雹、风雹、霜冻、暴雨、暴雪、冻雨、酸雨、大雾、大风、结冰、霾、雾霾、浮尘、扬沙、沙尘暴、雷电、雷暴、球状闪电等气象灾害和地震、滑坡、泥石流等地质灾害。

122.什么是洪涝灾害?

洪涝，指因大雨、暴雨或持续降雨使低洼地区淹没、渍水的现象。在不同地区均有可能发生洪涝灾害，包括山区、滨海、河流入海口、河流中下游以及冰川周边地区等。雨涝主要危害农作物生长，造成作物减产或绝收，破坏农业生产以及其他产业的正常发展。洪涝灾害具有很大的破坏性和普遍性。洪涝灾害不仅威胁社会经济发展秩序，甚至能够严重危害相邻流域，造成水系变迁。南方的洪涝灾害主要发生在5–7月，正好是水稻收获的季节，对农作物的影响很大，常导致农作物倒伏而减产等。

洪涝灾害的防治工作包括两个方面：一方面减少洪涝灾害发生的可能性，另一方面尽可能将已发生的洪涝灾害的损失降到最低。加强堤防建设、河道整治以及水库工程建设是避免洪涝灾害的直接措施，长期持久地推行水土保持可以从根本上减少发生洪涝的可能。切实做好洪水、天气的科学预报与滞洪区的合理规划可以降低洪涝灾害的损失。建立防汛抢险的应急体系，是减轻灾害损失的最后措施。

123.地震来了怎么办?

地震具有突发性和瞬时性的特点。由于地震预报还处于探索阶段，绝大多数地震还不能做出临震预报，地震的发生往往出乎预料。地震在瞬间发生，作用的时间很短，短则十几秒，长则两三分钟就可导致山崩地裂，房倒屋塌，使人猝不及防。应对地震，我们应该要做到：

发生地震时如果在房屋内，要远离外墙及门窗，可选择厨房、浴室躲藏，也可选择桌子下、床下或坚固的家具旁躲藏，千万不要盲目从楼上跳下。

发生地震时如果在教室内，应用书包护头躲在课桌下，地震过后由老师指挥撤离教室。

发生地震时如果在办公室，应迅速关闭电源，就近躲在坚固的办公桌下。

发生地震时如果在商场、饭店、地铁等公共场所内，要躲在坚固的立柱或墙角边，避开玻璃、广告灯箱、大型货架、吊灯等危险物。地震过后听从工作人员指挥撤离。

无论如何，地震时应尽可能保持冷静，不要因过度紧张或害怕而丧失逃生机会。当然，多了解地震知识也有利于提升我们应对灾难的能力。

124.什么是地震次生灾害?

在地震、泥石流、滑坡、洪涝、台风、沙尘暴等强度高的突发自然灾害爆发后，往往会诱发出一连串的其他灾害，这种现象叫作“灾害链”。在灾害链中第一个出现的灾害称为“原生灾害”，而后诱发的灾害叫作“次生灾害”。地震次生灾害是指由于强烈地震使山体崩塌，形成滑坡、泥石流；水坝河堤决口造成水灾；震后流行瘟疫；易燃易爆物的引燃造成火灾、爆炸或由于管道破坏造成毒气泄漏以及细菌和放射性物质扩散对人畜生命威胁等。

对已经建成的次生灾害源，未采取抗震设防措施的，应按照国家有关规定进行抗震性能鉴定，并采取必要的抗震加固措施。如强烈地震可能引起大坝的破坏从而造成洪水灾害，因此接到临震地震预报后，如果水库水位过高，可以采用放水的方式使水库水位尽快降低，以减轻地震对大坝的威胁。

为了有效防范地震次生灾害，地方人民政府可以组织有关专业技术人员和当地群众调查清楚地震次生灾害源的位置、所属单位，可能产生次生灾害的原因、规模及灾害源的现状，并登记造册，有些可绘制成分布图，并评估一旦地震发生次生灾害突发和蔓延的危害性。对于这些次生灾害源，要针对其具体特征，采取不同的有效措施。

第二十六章
环境治理

工业的发展拉动GDP的飞跃，但也带来了一系列的环境问题。2013年，习近平总书记提出："不以牺牲生态环境为代价换取经济的一时发展。既要金山银山，又要绿水青山。宁可要绿水青山，不要金山银山，因为绿水青山就是金山银山。"党的十九大报告中提出把"坚持人与自然和谐共生"列为构成新时代坚持和发展中国特色社会主义的十四条基本方略之一。可见，环境治理是一项利国利民，造福子孙后代的大事。

125. “赤潮”是如何发生的?

“赤潮”（HAB）是水体富营养化的恶果，国际上也称之为“有害藻类”“红色幽灵”。

赤潮是在特定的环境条件下，海水中某些浮游植物、原生动物或细菌爆发性增殖或高度聚集而引起水体变色的一种有害生态现象。赤潮是一个历史沿用名，它并不一定都是红色。

赤潮因发生的原因、种类和数量的不同，水体会呈现不同的颜色，有红颜色或砖红颜色、绿色、黄色、棕色等。值得指出的是，某些赤潮生物（如膝沟藻、裸甲藻、梨甲藻等）引起赤潮，有时海水并不呈现任何特别的颜色。浮游生物、人类活动、海水富营养化、海水温度以及海水养殖带来的污染都有可能是赤潮出现的原因。

赤潮的出现会带来许多问题，因此要加强预防措施以防赤潮的发生。首先，要控制海域的富营养化，重视对城市污水和工业污水的处理，提高污水净化率。其次，合理开发海水养殖业，提高养殖技术，减轻对水质和底质的污染。池塘养殖的污水和废物应采取逐步过滤等办法加以处理。最后，应当控制有毒赤潮生物外来种类的引入。这需要制定完善的法规和措施，以防船只和养殖品种的移植将有毒赤潮生物带入养殖区。

126.如何合理开发海洋资源?

地球是一个“大水球”，有70%的面积为水覆盖，这其中97.5%是海洋。海洋就像一座巨大的宝藏。当前，陆地资源短缺、环境污染严重、人口日益膨胀，各沿海国家加快了对海洋资源的开发利用，很大程度上推动了经济的发展。随着海洋开发的升温，海洋资源也承受着前所未有的压力。合理开发海洋资源，可以创造巨大的经济效益，例如利用海水潮汐能发电，可以缓解全球能源危机和火力发电带来的环境污染问题；研发海水净化技术，可缓解地球淡水危机。

在开发海洋资源的过程中坚持可持续发展的战略，保护生态环境，才能让海洋资源免于枯竭。在我国，合理开发海洋资源需要诸多努力。首先，应当完善海洋综合管理法规，与国际海洋法规相衔接，制定地方性海洋政策和法规。还应建立海洋资源检测系统，建立海洋资源管理信息系统和数据库。其次，要加大保护海洋生物资源的力度。大力开发海洋养殖资源，在巩固和提高现有优质品种养殖水平的同时，开发新的养殖品种，促进渔业资源的可持续利用和保护。最后，保护海洋环境。一方面要加强对陆源污染物排放总量的控制，另一方面要提升海运企业以及海上活动作业者的应急能力。

127.什么是水俣病?

水俣病是因食入被有机汞污染河水中的鱼、贝类所引起的甲基汞为主的有机汞中毒，是有机汞侵入脑神经细胞而引起的一种综合性疾病，是慢性汞中毒的一种类型，因1953年首先发现于日本熊本县水俣湾附近的渔村而得名。孕妇食用了被有机汞污染的海产品后会引起婴儿患先天性水俣病。

水俣病是最早出现的由于工业废水排放污染造成的公害病。第二次世界大战后，随着日本经济复苏，工业飞速发展，大量含汞的工业废水未经处理排放入海洋。海洋生物受到汞的污染，人类捕食海洋生物摄入过量的汞，对自身也造成难以估量的伤害。

因水污染引发的病症并不止水俣病一种。调查表明，发生于日本富山县的痛痛病也是重金属污染水源造成的。

水污染可能造成难以想象的后果，因此要加大对饮用水源地的保护。首先，政府要加强对饮用水源地的监管，设置公共水源地保护区。其次，作为普通民众要了解对饮用水源地保护的重要性，自觉规范自身行为，不随意倾倒垃圾。再次，作为企业，要遵守法律法规，对于污水的排放要符合标准，自觉接受监督。最后，所有人都应当保护水源，发现污染水源的行为要进行监督和举报。

128.南方沿海城市会出现“水荒”吗?

我国的水资源在时间、空间上的分布都不均匀，全国80%的水资源分布在长江流域及以南地区。这样看来，南方城市是不存在“水荒”一说的。然而在全国的严重缺水城市中，南方有43个。北方和西部城市缺水可以归结为时空分布的原因，而南方城市在其快速的发展进程中忽略了环境的承载能力，打破了生态平衡，形成了更为复杂的生态型缺水。

因为地下水的过度开采，地下水位降低，造成了地面沉降，城市底部形成巨大的岩层漏斗，季风气候海水倒灌，引发洪涝。用水浪费、水质污染，都会使原本就紧缺的淡水资源变得更加稀少，因而南方沿海城市也会出现“水荒”现象。

解决水资源紧缺的措施有多方开源、全社会节水、加强水资源管理以及保护环境减少水资源污染等，因此需要在全面节流、提高水资源利用效率的基础上，积极采取跨流域调水、增大已建工程蓄水量、开发利用非传统水资源，加强管理，取得经济、社会和环境效益的统一。在城镇生活用水中，要大力宣传全社会节约用水，推广节水设施；加大城镇供水系统改造，降低管网漏损率。在的日常生活中，我们也应做到节约用水，从每个人做起，减少水资源浪费。只要每个人都付出努力，那么我们的城市就不会遭受“水荒”的威胁。

129.农药会对土壤造成污染吗?

过量使用农药会对土壤造成污染。

农药对土壤的污染是指人类向土壤环境中投入或排入超过其自净能力的农药，而导致土壤环境质量降低，以致影响土壤生产力和危害环境生物安全的现象。农药对土壤的污染与施用农药的理化性质、农药在土壤环境中的活动及施药地区自然环境条件密切相关。土壤农药污染现在已成为一个严重的全球性问题，亟须解决。由于我国是一个农业生产大国，施用农药的量特别大，因此土壤受农药污染的程度也较为严重，严重影响农业的生产和发展 。

土壤农药污染的防治措施有以下几项：一是合理使用农药，不仅可以减少对土壤的污染，还能经济有效地消灭病、虫、草害，发挥农药的积极效能。二是调整农药生产结构，逐步降低与淘汰高毒有机磷农药生产，停止高残有机氯生产与出口。积极开发生产安全、高效、高选择性农药新品种。三是制订管理与监督方案。基于我国农药的使用现状，结合国际上农药管理的新动态，制订出符合我国国情的农药环境管理与监督方案。四是加强培训与售后服务，提高农民使用农药的知识和用药技术。五是治理污染土壤，对已经污染了的土壤可以增施有机肥，提高土壤有机质含量，增强土壤胶体对农药的吸附能力。

130.应该如何保护耕地?

耕地是人类赖以生存和发展的基础，面对我国耕地严重不足的严峻形势，采取各种措施，预防和消除危害耕地及环境的因素，稳定和扩大耕地面积，维持和提高耕地的物质生产能力，预防和治理耕地的环境污染，是保证土地得以永续和合理使用，稳定农业基础地位和促进国民经济发展的重大问题。

耕地保护是指运用法律、行政、经济、技术等手段和措施，对耕地的数量和质量进行保护。

《中华人民共和国土地管理法》明确提出了耕地保护的目标，即实现耕地的总量动态平衡。所谓耕地总量动态平衡，是指在满足人口及国民经济发展对耕地产品数量和质量不断增长的条件下，耕地数量和质量供给与需求的动态平衡。实现这一目标必须加强耕地的数量、质量保护并注重耕地环境质量的提高。

耕地的数量保护具体措施包括以下几方面：严格控制耕地转为非耕地；国家实行占用耕地补偿制度；国家实行基本农田保护制度；推进土地开发、复垦、整理。耕地的质量保护具体措施包括以下两个方面：一方面国家制订耕地质量保护措施，如防止水土流失、耕地沙化、盐碱化、贫瘠化等，另一方面是实现耕地环境保护。

131.如何防治大气污染?

大气污染是指大气中一些物质的含量达到有害的程度以致破坏生态系统和人类正常生存和发展的条件，对人或物造成危害的现象。大气污染物已知的有100多种，有自然因素（如森林火灾、火山爆发等）和人为因素（如工业废气、生活燃煤、汽车尾气等）两类，并且以后者为主要因素。人为因素主要是由工业生产和交通运输所造成的。大气污染的主要过程由污染源排放、大气传播、人与物受害这三个环节所构成。

大气污染不仅会危害人们的身体健康，还会对工农业、气候、植物产生影响，因此防治大气污染刻不容缓。防治大气污染合理的措施有：合理安排工业布局和城镇功能分区，加强绿化，加强对居住区内局部污染源的管理，实行区域集中供暖供热，控制燃煤污染，开发新能源，推行环保新技术的开发，减少汽车废气排放，烟囱除尘，加快调整能源结构，实施跨区送电项目，落实各方责任等。

无论是政府、企业还是个人都应积极防治大气污染，让我们共同拥有蔚蓝的天空、洁净的空气。

132.什么是土壤污染?

土壤的环境质量直接关系到农作物质量和人居环境，各种污染物进入土壤后会对土壤生态系统造成深刻影响。土壤污染不仅影响农产品的产量和品质，造成食品安全问题，还会在人体内造成有毒物质的积累，严重危害人民群众身体健康。

我国的土壤污染是在长期的工业化进程中，日积月累形成的，局域性土壤污染严重的主要原因是工矿业的废弃物倾倒。农业生产中投入使用的农药、化肥、地膜，秸秆燃烧、污水灌溉、垃圾乱倒则会造成耕地的大面积污染。

133.什么是清洁生产和绿色产品?

清洁生产是指将综合预防的环境保护策略持续应用于生产过程和产品中，以期减少对人类和环境的风险。从本质上来说，清洁生产就是对生产过程与产品采取整体预防的环境策略，减少或消除它们对人类及环境的可能危害，同时充分满足人类需要，使社会经济效益最大化的一种生产模式。清洁生产在不同的发展阶段或者不同的国家有不同的叫法，例如“废物减量化”“无废工艺”“污染预防”等，但其基本内涵是一致的，即对产品和产品的生产过程、产品及服务采取预防污染的策略来减少污染物的产生。

绿色产品是指生产过程及其本身节能、节水、低污染、低毒、可再生、可回收的一类产品，是绿色科技的最终体现，其在营销过程中比同类其他产品更具有环保性。与传统产品相比较，绿色产品一样具有满足消费者需求、技术质量合格、具有市场竞争力三个特点，所不同的是绿色产品符合环境保护的要求，有利于资源再生和回收利用。

大力提倡清洁生产和绿色产品是保护环境的需要，能够调动企业防治工业污染的积极性，可以实现环境效益与经济效益的统一。

后记

《新编公民科学素质简明读本》于2018年6月开始着手策划和编写工作，经过作者不断完善、专家几度审稿，终于问世。该书以科技部、中宣部联合印发的《中国公民科学素质基准》为内容基础，删减或调整了其中存在争议的内容。以2017年中国科学技术出版社出版的《全民科学素质学习大纲》为矫正器，在其"四科两能力"的框架下，将编写内容再次优化布局。经过调整，本书内容主体分为三大部分，第一部分（一至九章）主要内容是引导读者树立正确的科学观念，掌握正确的科学方法，引导读者能运用科学的视野去认识世界，改造世界。第二部分（十至十六章）主要内容是具体的科学知识，包括数学、物理、化学、天文、地理、生物、人体等方面内容。第三部分（十七至二十六章）主要内容是饮食、医药、出行、安全意识、农业生产、环境保护等与生活息息相关的常见问题，引导读者健康生活、安全生产。

为了保证该书的准确性和科学性，编写组查阅了《国家科普能力发展报告》（社会科学文献出版社，2017年5月第1版）《基层科普工作指南》（科学普及出版社，2015年6月第1版）《"十三五"全民科学素质行动发展专题研究报告》（中国科学技术出版社，2016年6月第1版）以及《科普知识百问百答》（萍乡市科学技术协会2018年第1期）等书籍。参与本书编写的成员还有马直前、李昊、方金威。感谢！特别感谢中国科普研究所副所长颜实对本书的多次审稿，感谢马善钧、官雪辉、董一飞、赵大显、蒋九愚、张钦、蒋华麟等专家对本书进行审稿把关。本书几经锤炼，如有不妥之处，恳请科普专家、社会学者、读者朋友不吝指教。

图书在版编目(CIP)数据

新编公民科学素质简明读本 / 罗莹, 史可, 谢金水主编. — 南昌 : 江西科学技术出版社, 2019.3（2019.9重印）
ISBN 978-7-5390-6682-0

Ⅰ. ①新… Ⅱ. ①罗… ②史… ③谢… Ⅲ. ①公民 - 科学 - 素质教育 - 研究 - 中国 Ⅳ. ①G322

中国版本图书馆CIP数据核字（2018）第299616号

国际互联网(Internet)地址：**http://www.jxkjcbs.com**
选题序号：ZK2018451
图书代码：B18034-102

新编公民科学素质简明读本 罗莹 史可 谢金水 主编

出版发行	江西科学技术出版社
社址	南昌市蓼洲街2号附1号 邮编：330009 电话：(0791)86623491 86639342(传真)
印刷	江西千叶彩印有限公司
经销	各地新华书店
尺寸	170 mm × 240 mm 1/16
字数	140千字
印张	11
版次	2019年4月第1版 2019年9月第2次印刷
书号	ISBN 978-7-5390-6682-0
定价	36.00元

赣版权登字-03-2018-479